普通高等教育"十三五"规划教材

工程建设质量管理

李章政　编著

化学工业出版社

·北京·

《工程建设质量管理》介绍了工程建设质量管理基本概念、全面质量管理、企业质量管理体系、工程勘察设计和施工质量管理、工程质量统计分析、产品质量检验、工程施工质量验收、工程质量缺陷及事故等内容，教材采用案例与理论相结合的方式，实践性较强。本书可作为高等院校工程管理、工程造价、土木工程等专业本科生和专升本学生的教材使用，还可供相关专业技术人员参考阅读。

图书在版编目（CIP）数据

工程建设质量管理/李章政编著． —北京：化学工业出版社，2019.6

普通高等教育"十三五"规划教材

ISBN 978-7-122-34093-1

Ⅰ.①工… Ⅱ.①李… Ⅲ.①建筑工程-工程质量-质量管理-高等学校-教材 Ⅳ.①TU712.3

中国版本图书馆 CIP 数据核字（2019）第 049605 号

责任编辑：满悦芝 文字编辑：吴开亮
责任校对：杜杏然 装帧设计：张 辉

出版发行：化学工业出版社（北京市东城区青年湖南街 13 号 邮政编码 100011）
印 刷：三河市航远印刷有限公司
装 订：三河市宇新装订厂
787mm×1092mm 1/16 印张 10 字数 240 千字 2019 年 7 月北京第 1 版第 1 次印刷

购书咨询：010-64518888 售后服务：010-64518899
网 址：http://www.cip.com.cn
凡购买本书，如有缺损质量问题，本社销售中心负责调换。

定 价：35.00 元

　　质量管理随着工业生产而出现，是为保证产品质量所进行的相关协调活动。质量管理成为一门独立学科，不过一百年；中国改革开放以后，各大工业企业先后从国外引进全面质量管理的理念，而后推广到工程建设领域。所以，工程建设质量管理源于产品质量管理，但又不同于一般工业产品质量管理。工程建设涉及工程的前期策划、论证、决策，一旦决定实施以后，就直接与勘察、设计、施工、验收等过程紧密相关，工程建设质量管理强调各个环节的质量管理；如果侧重点在工程实体本身，则可称为建设工程质量管理。

　　本书编写参考了土木建筑领域相关专业的专业规范、国际标准、现行国家标准及国家相关法律法规，在讲述质量管理的基本概念、原理和方法等基本理论的基础上，介绍工程建设各个阶段质量管理（或质量控制）的内容、程序和方法。本书可作为高等学校工程管理专业、工程造价专业、土木工程专业建筑工程方向等的本科生和专升本学生的教材，也可供相关的专业技术人员参考。

　　全书内容共分8章：第1章工程建设质量管理绪论，第2章全面质量管理，第3章企业质量管理体系，第4章工程勘察设计和施工质量管理，第5章工程质量统计分析，第6章产品质量检验，第7章工程施工质量验收，第8章工程质量缺陷及事故。每章信息量大，知识点或知识模块较多，但篇幅较小，内容比较精练。为了使初学者巩固所学知识，每章都配有丰富的复习题，题型包括问答题、填空题、判断题、单项选择题、多项选择题、计算题和综合分析题；同时，书末附录A中给出了3套模拟试题及参考答案，可用于检验学习效果。

　　古人感叹"吾生也有涯，而知也无涯"。茫茫学海苦无涯，由于编者知识水平有限，书中不妥之处在所难免，恳请广大读者批评指正。

李章政
2019 年初春于川大江安

目录

第 3 章　企业质量管理体系　　25

第 4 章　工程勘察设计和施工质量管理　　46

第5章　工程质量统计分析　　65

第6章　产品质量检验　　96

第 7 章 　工程施工质量验收　　　　　　116

第 8 章 　工程质量缺陷及事故　　　　　　126

第1章 工程建设质量管理绪论

工程建设是指为了国民经济各部门的发展和人民物质文化生活水平的提高而进行的有组织、有目的的投资兴建固定资产的经济活动，即建造、购置和安装固定资产的活动以及与之相联系的其他工作，它是实现固定资产再生产的一种经济活动。

工程建设涵盖建造工程、线路管道和设备安装工程、建筑装饰装修工程等工程项目的新建、扩建和改建，它是形成固定资产的基本生产过程及与之相关的其他建设工作的总称。建造工程包括矿山、铁路、隧道、桥梁、堤坝、电站、码头、飞机场、运动场、房屋建筑等工程；线路管道和设备安装工程包括电力、通信线路以及石油、燃气、给水、排水、供热等管道系统和各类机械设备、装置的安装工程；建筑装饰装修工程是指为使建筑物、构筑物内外空间达到一定的环境质量要求，使用建筑装饰装修材料，对建筑物的外表和内部进行修饰处理的工程；其他工程建设工作包括建设单位及其主管部门的投资决策活动以及征用土地、岩土工程勘察、工程设计、工程监理等。这些工作是工程建设不可缺少的内容。

工程建设的重点在于建设过程，而建设工程的重点在于工程实体，两者之间存在差异。当行文的重心为工程实体时，常将工程建设称为建设工程。

1.1 质量管理相关的基本术语

产品、质量和质量管理的基本术语，在国家标准《质量管理体系 基础和术语》(GB/T 19000—2016) 中有定义，它等同采用了国际标准化组织（ISO）质量管理和质量保证技术委员会（ISO/TC 176）所制定的标准——ISO 9000：2015。

1.1.1 过程和产品

过程就是利用输入实现预期结果的相互关联或相互作用的一组活动。过程的结果称为输出，不易或不能经济地确认其输出是否合格（是否满足要求）的过程称为"特殊过程"。特殊过程需要特殊管理，防止其输出（结果）出现不合格。

为实现目标，由职责、权限和相互关系构成自身功能的一个人或一组人，称为组织。组织可以是国有企业，也可以是私营企业；可以是团体，也可以是个人。在组织和顾客之间未发生任何交易的情况下，组织能够产生的输出，称为产品。也就是说，产品是在供需双方并未交易时，供方过程的结果或供方的输出。所谓供方就是提供产品的组织（生产厂、批发商、服务或信息的提供方），顾客则是接受产品的组织（比如消费者、零售商、采购方）。

产品有服务、软件、硬件和流程性材料四种类别。

服务通常是无形的，并且是在供方和顾客接触面上至少需要完成一项活动的结果。服务的提供可涉及如下方面：在顾客提供的有形产品（如维修的汽车、电脑）上所完成的活动；

在顾客提供的无形产品（如为准备税款申报所需的收益表）上所完成的活动；无形产品的交付（如知识传授方面的信息提供）；为顾客创造良好氛围（如在宾馆、饭店等）。

软件由信息（有意义的数据）组成，通常是无形产品，并以图纸、说明书、论文等形式存在，通常由纸媒介或计算机相关媒介保存。

硬件是有形产品，由制作的零件和部件组成，如皮鞋、手表、电视机、楼房、桥梁、水坝等，其量具有计数的特性。

流程性材料是指通过将原材料转化成某一预定状态形成的有形产品，其量具有连续的特性。流程性材料的状态可以是液体、气体、粒状、块状、线状和板状等，通常以桶、袋、罐、瓶、管道或卷筒的形式交付。在机械、冶金、化工、纺织、轻工、建材等行业中有很多企业生产流程性材料，例如：粉状的水泥、粒状的洗衣粉、块状的铸造生铁、线状的电线电缆、板状的各种钢板等；用桶交付的润滑油、用罐交付的液化气、用瓶交付的酒精、用卷筒交付的棉布和纸张、用袋交付的面粉等；用管道输送的石油、天然气等。

以上四类产品中，硬件和流程性材料通常被称为货物。

工程建设过程中，勘察设计的产品有勘察报告、设计图纸、设计计算书和说明书等，属于软件；工程施工（建造）的产品是大楼、路桥、港口、机场等有形实体，属于硬件；工程监理是受建设单位（业主）委托，在现场从事质量、进度、投资方面的控制以及合同、信息等方面的管理，其产品是服务。

1.1.2　质量和产品质量

可感知或可想象到的任何事物称为客体，质量定义为客体的一组固有特性满足要求的程度。而产品中的货物是可感知的事物，服务和软件是可感知或可想象到的事物，故产品属于客体，产品质量可以定义为产品的一组固有特性满足要求的程度。固有特性是指产品具有的技术特性或特征，不是后来人们附加的内容，例如汽车零部件的尺寸、发动机的功率以及航空公司航班的准点率等。将产品的固有特性和要求进行比较，根据产品满足要求的程度对其质量的优劣做出评价，产品质量可用差、一般、好或优等词语来修饰。

值得注意的是，产品质量和成本有关，所谓"一分钱一分货"。在家用乘用车市场上，一辆车价格有几万元、十几万元、几十万元的，也有上百万元、几百万元甚至上千万元的，品质（质量）相差悬殊。在限定成本条件下做得最好，性价比最高，才是最好的质量。一般不提倡不计成本的质量。经济地取得满意的质量涉及产品质量形成的各个阶段，不同阶段对质量的作用（影响）不同，比如工程建设中可行性研究、决策、勘察设计、施工（建造）、验收等阶段对工程质量都有影响。一般产品质量需要认证，工程质量需要验收。

产品质量认证，是指法定认证机构依据现行产品标准和技术要求，经过独立评审，对于符合条件的产品，颁发认证证书和认证标志，从而证明某一产品达到相应标准的制度。产品质量认证分为安全认证与合格认证。

凡根据安全标准进行认证或只对产品标准中有关安全的项目进行认证的，称为安全认证。它是对产品在生产、储运、使用过程中是否具备保证人身安全与避免环境遭受危害等基本性能的认证，属于强制性认证。国家监督检验检疫总局和国家认证认可监督管理委员会于2001年12月3日发布了《强制性产品认证管理规定》，对列入目录的19类132种产品实行"统一目录、统一标准与评定程序、统一标志和统一收费"的强制性认证管理。随后进行了修订，于2009年5月26日经国家质量监督检验检疫总局局务会议审议通过《强制性产品认证管理规定》，自 2009 年 9 月 1 日起施行。中国强制认证（China Compulsory Certification），其英文缩写为"CCC"（图 1.1），故又简称"3C"认证。

合格认证是依据产品标准的要求，对产品的全部性能进行的综合性质量认证，一般属于自愿性认证。实行合格认证的产品，必须符合相关的国家标准或者行业标准的要求。

图 1.1　"3C"认证标志

《中华人民共和国产品质量认证管理条例》规定：国务院标准化行政主管部门统一管理全国的认证工作；国务院标准化行政主管部门直接设立的或者授权国务院其他行政主管部门设立的行业认证委员会负责认证工作的具体实施。县级以上（含县，下同）地方人民政府标准化行政主管部门在本行政区域内，对认证产品进行监督检查。获准认证的产品，除接受国家法律和行政法规规定的检查外，免于其他检查，并享有实行优质优价、优先推荐评为国优产品等国家规定的优惠。对于违反法律、行政法规、国务院标准化行政主管部门会同国务院有关行政主管部门制定的规章规定的有关认证的行为，依据法律、行政法规和规章的规定进行处罚。

1.1.3　管理和质量管理

管理就是指挥和控制组织的协调活动，包括制定方针和目标，以及实现这些目标的过程。方针是由（组织）最高管理者正式发布组织的宗旨和方向，目标就是要实现的结果，目标可以是战略的、战术的或操作层面的，依据方针制定。

关于质量的管理定义为质量管理。质量管理就是指挥和控制组织关于质量的协调活动，包括制定质量方针和质量目标，以及通过质量策划、质量保证、质量控制和质量改进实现这些质量目标的过程。

（1）质量方针　关于质量的方针，通常与组织的总方针相一致，可以与组织的愿景和使命相一致，并为制定质量目标提供框架。一个组织经营的目的是为了生产和销售优质优价、适销对路的产品，以满足市场的需要，同时使组织获得最大的经济效益。因此，组织的经营方针应该体现"质量第一"的思想。

（2）质量目标　关于质量的目标，依据组织的质量方针制定。通常，在组织的相关职能、层级和过程分别制定质量目标。质量目标按时间可分为中长期质量目标、年度质量目标和短期质量目标；按层次可分为企业质量目标、各部门质量目标以及班组和个人的质量目标；按项目可分为企业的总的质量目标、项目质量目标和专门课题的质量目标。要制定合理的企业质量目标，首先要明确企业存在什么问题，知道企业的强项和弱项，针对企业现状和市场未来的前景来制定企业质量目标。

企业质量目标的建立为企业全体员工提供了其在质量方面关注的焦点，同时，质量目标可以帮助企业有目的地、合理地分配和利用资源，以达到策划的结果。一个好的质量目标可以激发员工的工作热情，引导员工自发地努力为实现企业的总体目标做出贡献，对提高产品质量、改进作业效果有其他激励方式不可替代的作用。

（3）质量策划　质量管理的一部分，致力于制定质量目标并规定必要的运行过程和相关资源以实现质量目标。编制质量计划可以是质量策划的一部分。质量策划的内容必须包括以下几个方面：①设定质量目标；②确定达到目标的途径；③确定相关的职责和权限；④确定所需的其他资源（包括人员、设施、材料、信息、经费、环境等）；⑤确定实现目标的方法和工具；⑥确定其他的策划需求（包括完成的时间，检查或考核的方法，评价其业绩成果的指标，完成后的奖励方法，所需的文件和记录等）。

（4）质量保证　质量管理的一部分，致力于提供质量要求会得到满足的信任。质量保证的基本思想是强调对顾客负责，为了确立产品的质量能满足规定的质量要求的适当信任，就必须提供证据。而这类证据包括质量测定证据和管理证据，以证明供方有足够能力满足需方要求。质量保证分内部质量保证和外部质量保证，前者是让企业管理者得到"信任"，通过对质量管理体系的内部审核和评审来实现；后者是让顾客得到"信任"，由需方对供方质量管理体系进行验证、审核和评价，同时，供方还须向需方提供质量管理体系满足合同要求的各种证据。

（5）质量控制　质量管理的一部分，致力于满足质量要求。质量控制的工作内容包括为达到质量要求所采取的作业技术和活动，应重视如下三个环节：①凡影响质量的各种作业技术和活动都要制定实施计划的程序，使其处于受控状态；②保证按计划和程序实施，并在实施过程中进行连续评价和验证；③对不符合计划和程序活动的情况进行分析，对异常情况进行处置并采取纠正措施。

（6）质量改进　质量管理的一部分，致力于增强满足质量要求的能力。质量管理活动可分为两个类型：一类是维持现有的质量，其方法是质量控制；另一类是主动采取措施，使质量在原有的基础上有突破性的提高，使质量达到一个新水平、新高度，这就是质量改进。

1.2　工程建设质量

工程建设质量是工程建设客体的一组固有特性满足要求的程度。"固有特性"包含了明示的和隐含的特性，明示的特性一般以书面阐明（合同条款载明）或向顾客指出，隐含的特性是指惯例或一般做法。"满足要求"是指满足顾客和相关方的要求，包括法律法规和标准规范的要求。

工程建设质量简称工程质量，是工程建设满足相关标准规定和合同约定要求的程度，包括安全性、适用性和耐久性等功能要求，以及在节能与环境保护等方面所有明示的和隐含的固有特性。

1.2.1　工程质量的特性

工程建设最终形成的实体，是一种特殊的产品。大型工程如长江三峡水利枢纽工程（图1.2）、京沪高速铁路工程投资均超过 2000 亿元，城市地铁每千米投资高达 6 亿～10 亿元，小型工程如普通民用建筑、村村通公路等投资通常以百万元、千万元计，它们除具有一般产品共有的质量特性外，还具有特定的内涵。

工程质量的特性主要表现在安全性、适用性、耐久性、可靠性、经济性、节能性和与环境的协调性，总共七个方面。

（1）安全性　指工程建成后在使用过程中保证整个结构或结构构件安全、保证人身和环境免受危害的程度。工程组成的非结构构件如阳台栏杆、楼梯扶手应该安全，电器产品的漏电保护、电梯及各类设备等，也应保证使用者安全。

（2）适用性　指工程满足使用目的的各种性能，包括理化性能（保温、隔热、隔声等物

图 1.2　长江三峡水利枢纽工程

理性能，耐酸碱性、耐腐蚀、防火、防风化等化学性能）、结构性能（满足刚度要求）、使用性能（结构、配件、设备等满足使用功能）和外观性能（造型、装饰效果、色彩）。

（3）耐久性　指工程竣工后的合理使用年限。由于各类工程结构的类型不同、质量要求不同、施工方法不同、使用性能不同，因此国家对工程结构的合理使用年限并无统一规定，而是由各专业规范进行规定。建筑结构的设计使用年限分为四个档次：5 年、25 年、50 年和 100 年，一般工业建筑、民用建筑为 50 年，重要的建筑结构、标志性建筑、纪念性建筑为 100 年。

（4）可靠性　指工程在规定时间内、规定条件下完成规定功能的能力。安全性、适用性和耐久性是结构的功能要求，完成结构功能要求的能力称为结构的可靠性。除此以外，工程还可能有防洪能力、屋面防水、厨房和卫生间防水、保温隔热、工业管道防"跑、冒、滴、漏"等，都属于可靠性的质量范畴。

（5）经济性　指工程从规划、勘察、设计、施工到整个产品使用寿命周期内的成本和消耗的费用。需要通过分析比较，判断工程是否符合经济性要求。

（6）节能性　指工程在设计、建造及使用过程中满足节能减排、降低能耗的标准和有关要求的程度。

（7）与环境的协调性　指工程与其周围生态环境相协调，与所在地区经济环境相协调以及与周围已建工程相协调，以适应可持续发展的要求。

上述七个方面的质量特性彼此之间是相互依存的，通常都必须达到基本要求，缺一不可；但是，对于不同门类、不同专业的工程，可根据其所处的特定地域环境条件、技术经济条件的差异，有不同的侧重面。

1.2.2　影响工程质量的因素

工程建设可分为项目可行性研究、项目决策、工程勘察设计、工程施工和工程竣工验收五个阶段，每个阶段对工程质量都有影响。影响工程质量的因素虽然很多，但可以归结为以下五个方面（4M1E）：人（man）、材料（material）、机械（machine）、方法（method）和环境（environment）。

（1）人员素质　人是生产经营活动的主体，工程建设的规划、决策、勘察、设计、施工及竣工验收等全过程，都是通过人的工作来完成的。人员素质是指人的文化水平、技术水平、决策能力、管理能力、组织能力、控制能力、身体素质和职业道德等，这些都将直接或间接地对规划、决策、勘察、设计和施工质量产生影响。人员素质是影响工程质量的一个重要因素，所以，工程建设领域实行资质管理和各类专业人员持证上岗（比如注册规划师、建筑师、结构工程师、监理工程师、建造师、造价师、施工员……），制度是保证人员素质的重要管理措施。

（2）工程材料　工程材料是指构成工程实体产品的各类建筑材料、构配件、半成品等，它是工程建设的物质条件，是工程质量的基础。工程材料选用是否合理、产品是否合格、材质是否经过检验、保管使用是否得当等，都将直接影响工程结构的承载能力（强度）和变形大小（刚度），影响工程的外表及观感，从而影响工程的安全性和适用性。

（3）机械设备　机械设备可分为配套生产设备和施工机具设备两类。配套生产设备是指组成工程实体及配套的工艺设备和各类机具，如电梯、水泵、通风设备等，它们构成了建筑设备安装工程或工业设备安装工程，形成完整的使用功能。施工机具设备是指施工过程中使用的各类机械、器具和工具，包括大型垂直与水平运输设备、各类操作工具、各种施工安全设施、各类测量仪器和计量器具等，它们是施工作业的手段。机械设备对工程质量也有重要影响，配套生产设备的产品质量优劣直接影响工程使用功能质量；施工机具设备的类型是否符合工程施工特点，性能是否先进稳定，操作是否方便安全等，都将影响工程质量。

（4）施工方法　施工方法是指工艺方法、操作方法和施工方案。在工程施工中，施工方案是否合理，施工工艺是否先进，施工操作是否正确，都将对工程质量产生重大影响。采用新工艺、新方法，不断提高工艺技术水平，是保证工程质量稳定提高的重要环节。

（5）环境条件　环境条件是指对工程质量特性起着重要作用的环境因素，包括工程技术环境（如工程地质、水文、气象等）、工程作业环境（如作业面大小、防护设施、通风照明和通信条件）、工程管理环境（合同环境、组织体制和管理制度）和工程周边环境（工程邻近的地下管线、建筑物或构筑物）。环境条件往往对工程质量产生特定的影响。加强环境管理，改善作业条件，把握好技术环境，再辅以必要的措施，是控制环境对工程质量影响的重要保证。

1.2.3　工程质量的特点

工程质量的特点是由工程本身（产品）和建设生产的特点决定的。工程实体及其生产的特点体现在以下四个方面：一是产品的固定性，生产的流动性；二是产品的多样性，生产的单件性；三是产品形体庞大、高投入，生产周期长、具有风险性；四是产品的社会性，生产的外部约束性。由工程实体及其生产的特点形成了工程质量的五个特点：影响因素多，质量波动大，质量隐蔽性，终检的局限性，评价方法的特殊性。

（1）影响因素多　工程质量受到多种因素的影响，例如决策、勘察、设计、材料、机械、环境、施工工艺、管理制度、工期、工程造价以及参建人员素质等均直接或间接地影响工程质量。

（2）质量波动大　由于生产的单件性、流动性，不像一般工业产品的生产那样有固定的生产流水线、有规范化的生产工艺和完善的检测技术、有成套的生产设备和稳定的生产环境，所以工程质量容易产生波动且波动大。而且，影响工程质量的偶然性因素和系统性因素比较多，只要其中任何一个因素发生变动，就会使工程质量产生波动或变异。质量管理或质量控制的任务之一，就是要识别和防止系统性因素引起的质量变异，把质量波动控制在偶然因素范围内，而波动的大小则由管理的松和紧来掌握。

（3）质量隐蔽性　工程建设施工过程中，分项工程交接多、中间产品多、隐蔽工程多，因此质量存在隐蔽性。施工中若不及时进行质量检查，仅凭事后从表面上检查，很难发现内在的质量问题，这样就容易将不合格品误认为合格品，出现质量隐患。

（4）终检的局限性　工程实体（产品）建成后不可能像一般工业产品那样依靠终检来判断产品质量是否合格，或将产品拆卸、解体来检查其内在质量，或对不合格零部件进行更换。竣工验收是工程质量的终检，此时无法进行工程内在质量的检验，发现隐蔽的质量缺陷。所以，工程质量终检存在一定的局限性。这就要求工程质量控制应以预防为主，防患于未然。

（5）评价方法的特殊性　工程质量的检查评定及验收是按检验批、分项工程、分部工程、单位工程进行的。检验批的质量是分项工程乃至整个工程质量检验的基础，检验批是否合格主要取决于主控项目和一般项目检验的结果。隐蔽工程在隐蔽前要检查合格后验收，涉及结构安全的试块、试件以及有关材料，应按规定进行见证取样检测，涉及结构安全和使用功能的重要分部工程要进行抽样检测。工程质量是在施工单位按合格质量标准自行检查评定的基础上，由项目监理机构组织有关单位、人员进行检验确认验收。这种评价方法体现了"验评分离、强化验收、完善手段、过程控制"的指导思想。

1.3　工程质量管理体系

在我国，工程建设管理的行为主体由政府部门、建设单位和工程建设参与方组成，这就形成了由各方参与的工程质量管理与保证体系——政府监督、社会监理与检测、企业自控。然而，社会监理的实施，并不能取代建设单位和承建方依法应有的质量责任。

1.3.1　工程质量管理体系层次

工程质量管理体系是指为实现工程项目质量管理目标，围绕着工程项目质量管理而建立的管理体系。工程质量管理体系包含三个方面的层次：一是承建方的自控，二是建设方的监控，三是政府和社会的监督。

（1）承建方的自控　承建方包括勘察单位、设计单位、施工单位和材料供应单位等，它们应建立自身的质量管理体系，并对各自的产品生产进行管理，保证能产出合格品，满足合同约定要求。

（2）建设方的监控　建设单位是工程建设管理的主导者和责任人，通过派驻"甲方代表"参与具体管理，并聘请咨询服务方进行质量监控。咨询服务方包括监理单位、咨询单位、项目管理公司、审图机构、检测机构等，它们受建设单位的委托参与工程质量的监控。

（3）政府和社会的监督　政府部门包括中央政府和地方政府的发展和改革部门、城乡和住房建设部门、国土资源部门、环境保护部门、安全生产管理部门等相关部门，其职责是从行政上对工程建设进行管理，以保证工程建设符合国家的经济和社会发展要求，维护国家经济安全，监督工程建设活动不危害社会公众利益；而政府对工程质量的监督管理就是为保障公众安全与社会利益不受到危害。《中华人民共和国建筑法》规定：任何单位和个人对建筑工程的质量事故、质量缺陷都有权向建设行政主管部门或者其他有关部门进行检举、控告、投诉。这是实施社会监督的法律体现。

1.3.2 政府监督管理职能

政府对工程质量的监督管理体现在定规矩的宏观层面，其管理职能包括建立和完善工程质量管理法规、建立和落实工程质量责任制、建设活动主体资格管理、工程承发包管理和工程建设程序管理等方面。

（1）建立和完善工程质量管理法规 工程质量管理法规包括行政法规和工程技术规范标准，并依此作为工程质量管理的依据。政府制定行政法规，如《中华人民共和国建筑法》《中华人民共和国招标投标法》《建设工程质量管理条例》等；政府批准和发布工程技术规范或标准，如工程勘察设计规范与标准（《岩土工程勘察规范》《混凝土结构设计规范》《钢结构设计标准》《砌体结构设计规范》《建筑抗震设计规范》……）、建筑工程施工质量验收统一标准、工程施工质量验收规范等。

（2）建立和落实工程质量责任制 工程质量责任制包括工程质量行政领导的责任、项目法定代表人的责任、参建单位法定代表人的责任和工程质量终身责任制等。

（3）建设活动主体资格管理 国家对从事建设活动的单位实行严格的从业许可证制度，对从事建设活动的专业技术人员实行严格的执业资格制度。建设行政主管部门及有关专业部门按各自的分工，负责各类资质标准的审查、从业单位的资质等级的最后认定、专业技术人员资格等级的审查和注册，并对资质等级和从业范围等实施动态管理。

（4）工程承发包管理 工程承包、发包管理包括规定工程招投标承发包的范围、类型、条件，对招投标承发包活动的依法监督和工程合同管理等工作。

（5）工程建设程序管理 该项管理包括工程报建、施工图设计文件审查、工程施工许可、工程材料和设备准用、工程质量监督、施工验收备案等管理。

1.4 工程质量管理制度

国家建设行政主管部门先后颁发了多项工程质量管理的规定，完善了工程质量管理制度。现行的工程质量管理制度主要有六个方面，即工程质量监督、施工图设计文件审查、工程施工许可、工程质量检测、工程竣工验收与备案和工程质量保修。

1.4.1 工程质量监督

国务院建设行政主管部门对全国的工程建设质量实施统一的监督管理。国务院铁路、交通、水利等有关部门按国务院规定的职责分工，负责对全国的有关专业建设工程质量的监督管理。县级以上地方人民政府建设行政主管部门对本区域内的工程建设质量实施监督管理。县级以上地方人民政府交通、水利等有关部门在各自职责范围内，负责本行政区域内的专业建设工程质量的监督管理。

各级政府建设行政主管部门是工程质量监督管理的主体，可以直接组织人员对工程建设质量实施例行监督检查，通常委托工程质量监督机构实施日常监督管理工作。

工程质量监督机构是经省级以上建设行政主管部门或有关专业部门考核认定，具有独立法人资格的单位。工程质量监督机构受政府主管部门委托，对工程建设过程中所托项目的工程质量进行监督，其主要工作任务是：制定质量监督方案，检查施工现场工程建设各方主体的质量行为，检查工程实体的质量，对预制构件和商品混凝土的质量进行监督，监督工程质量验收，向委托部门报送工程质量监督报告。

1.4.2 施工图设计文件审查

施工图设计文件审查（通常简称施工图审查）是政府主管部门对工程勘察设计质量监督管理的重要环节。施工图审查是指国务院建设行政主管部门和省、自治区、直辖市人民政府建设行政主管部门委托依法认定的设计审查机构，根据国家法律、法规对施工图涉及公共利益、公众安全和工程建设强制性标准的内容进行的审查。

（1）施工图审查的范围　房屋建筑工程、市政基础设施工程施工图设计文件均属审查范围，省级人民政府建设行政主管部门可结合当地实际，确定具体的审查范围。建设单位可以自主选择审查机构。审查机构不得与所审查项目的建设单位、设计单位有隶属关系及其他利害关系。建设单位应当向审查机构提供全套施工图和作为勘察、设计的批准文件及附件。

（2）施工图审查的重点　施工图审查的主要关注点或审查的重点在于：是否符合工程建设强制性标准；地基基础和主体结构的安全性；是否符合民用建筑节能强制性标准；设计企业（单位）和注册执业人员以及相关人员是否按规定在施工图上加盖相应的图章和签字。

（3）施工图审查结果处理　审查合格者，审查机构应当向建设单位出具审查合格书，并将经审查机构盖章的全套施工图交还建设单位。审查合格书应当有各专业的审查人员签字，经法定代表人签发，并加盖审查机构公章。审查机构应在 5 个工作日内将审查情况报工程所在地县级以上地方人民政府建设行政主管部门备案。

审查不合格者，审查机构应将施工图退回建设单位并书面说明不合格的原因。建设单位拿到退回的施工图后，应要求原设计单位进行修改，并将修改后的施工图返原审查机构审查。

任何单位或个人不得擅自修改审查合格的施工图。

1.4.3 工程施工许可

除国务院建设行政主管部门确定的限额以下小型工程以外，只有办理了施工许可证的工程才能开工建设。所以，工程项目开工前，建设单位应当按照国家有关规定向工程所在地县级以上人民政府建设行政主管部门申请领取施工许可证。

办理施工许可证应满足下述八个条件：①已经办理该建设工程用地批准手续；②在城市规划区的工程，已经取得规划许可证；③需要拆迁的，其拆迁进度符合施工要求；④已经确定施工企业；⑤有满足施工需要的施工图纸及技术资料；⑥有保证工程质量和安全的具体措施；⑦建设资金已经落实；⑧法律、行政法规规定的其他条件。

1.4.4 工程质量检测

工程质量检测工作是对工程质量进行监督管理的重要手段之一。工程质量检测机构是对建设工程、建筑构件、建筑制品及现场所用的有关建筑材料、设备质量进行检测的法定单位。在建设主管部门领导和标准化管理部门指导下开展检测工作，其出具的检测报告具有法定效力。法定的国家检测机构出具的检测报告，在国内为最终裁定，在国外具有代表国家的性质。

工程质量检测机构的业务内容分为专项检测和见证取样检测，需由工程建设单位委托。利害关系人对检测结果发生争议时，可由双方共同认可的检测机构复验，复验结果由提出复验方报当地建设主管部门备案。

质量检测试样的取样应严格执行有关工程建设标准和国家有关规定，在建设单位或工程监理单位监督下现场取样。提供质量检测试样的单位和个人，应当对试样的真实性负责。检测机构完成检测业务后，应及时出具检测报告。检测报告由检测人员签字，经检测机构法定代表人或其授权的签字人签署，并加盖检测机构公章或检测专用章后方可生效。

1.4.5 工程竣工验收与备案

建设单位收到工程竣工报告后，应组织勘察、设计、施工、监理等有关单位进行竣工验收。竣工验收按国家有关规定进行（详见第7章），并由验收人员签字负责。工程经验收合格，方可交付使用。

建设单位应当自工程竣工验收合格起15日内，向工程所在地的县级以上地方人民政府建设行政主管部门备案。建设单位在办理工程竣工验收备案时，应提交如下文件：工程竣工验收备案表，工程竣工验收报告，法律、行政法规规定应当由规划、公安消防、环保等部门出具的认可文件或者准许使用文件，施工单位签署的工程质量保修书，法律、法规规定必须提供的其他文件。

1.4.6 工程质量保修

工程质量保修制度是指建设工程在办理竣工验收手续后，在规定的保修期内，因勘察、设计、施工、材料等原因造成的质量问题，要由施工单位负责维修、更换，由责任单位负责赔偿损失。所谓质量问题，是指工程不符合国家工程建设强制性标准、设计文件以及合同中对质量的要求。

工程质量保修书中应明确工程保修范围、保修期限和保修责任等，而保修期限从工程竣工验收合格之日起计算。在正常使用条件下，建设工程的最低保修年限为：

（1）基础设施工程、房屋建筑工程的地基基础和主体结构工程，为设计文件规定的该工程的合理使用年限；

（2）屋面防水工程、有防水要求的卫生间、房间和外墙面的防渗漏为5年；

（3）供热与供冷系统为2个采暖期、供冷期；

（4）电气管线、给排水管道、设备安装和装修工程为2年。

其他项目的保修期限由发包方与承包方约定。

::: 复习题 :::

1-1 试对如下名词给出解释或定义：过程、产品、客体、质量、组织、管理、质量管理。

1-2 何谓质量方针、质量目标？

1-3 什么是工程质量？有何特性？

1-4 简述影响工程质量的因素。

1-5 工程质量的特点有哪些？

1-6　我国工程质量管理有哪些主要制度？

1-7　政府对工程质量的监督管理如何体现？

1-8　工程质量实行保修制度，如何理解"在保修期限内出现质量问题，由施工单位负责维修、更换，费用各算各"？

1-9　过程的预期结果称为输出。_____或_____经济地确认其输出是否合格的过程，称为_____。

1-10　在组织和顾客之间未发生任何交易的情况下，组织能够产生的_____，称为产品。

1-11　产品的类型有四种，即_____、_____、_____和流程性材料。

1-12　通常被称作货物的产品是指_____和_____。

1-13　产品质量认证分为_____和_____，前者实行强制性认证，而后者一般属于自愿性认证。

1-14　质量策划是质量管理的一部分，致力于制定质量目标并规定必要的_____和_____以实现质量目标。

1-15　质量保证是质量管理的一部分，致力于提供质量要求会得到满足的_____；而质量控制也是质量管理的一部分，致力于_____要求。

1-16　工程质量就是工程实体的一组固有特性满足要求的程度，工程质量的特性主要表现为安全性、适用性、耐久性、可靠性、_____、_____和与环境的协调性七个方面，不同地域、不同工程的侧重点不同。

1-17　环境条件是指对工程质量特性起着重要作用的环境因素，包括工程技术环境、_____、_____和工程周边环境四大环境。

1-18　工程质量管理体系包含三个方面的层次，一是_____，二是_____，三是_____。

1-19　施工图设计文件审查是政府主管部门对工程勘察设计质量_____的重要环节，建设单位应当向审查机构提供_____和作为勘察、设计的批准文件及附件。

1-20　质量检测的取样应严格执行有关工程建设标准和国家的有关规定，在建设单位或工程监理单位监督下_____。

1-21　某产品质量合格，说明该产品（　　　）。

　　　A.质量满足要求　　B.质量很好　　　　C.质量较差　　　　D.质量尚可

1-22　硬件是有形产品，由制作的零件和部件（构件）组成，其量具有（　　　）。

　　　A.随机的特性　　　B.连续的特性　　　C.计数的特性　　　D.可变的特性

1-23　在质量管理中主动采取措施，使产品质量在原有基础上大幅提高，这就是（　　　）。

　　　A.质量目标　　　　B.质量改进　　　　C.质量控制　　　　D.质量保证

1-24　工程质量的特性中耐久性是指工程竣工后的合理使用年限，建筑结构设计的使用年限分为5年、25年、50年和（　　　）四个档次。

　　　A.70年　　　　　　B.80年　　　　　　C.90年　　　　　　D.100年

1-25　影响工程质量的因素可以归结为五个方面，即4M1E，其中1E是指（　　　）。

　　　A.人员素质　　　　B.环境条件　　　　C.工程材料　　　　D.机械设备

1-26　工程质量监督机构受政府主管部门（　　　），对工程建设过程中相应项目的工程质量进行监督。

          A. 委托   B. 领导   C. 派遣   D. 安排

1-27　审查合格的施工图，（　　）进行修改。

          A. 施工单位可   B. 监理单位能

          C. 原设计单位可随时   D. 任何单位和个人不得擅自

1-28　提供质量检测试样的单位和个人，应当对试样的（　　）负责。

          A. 安全性   B. 真实性   C. 完整性   D. 耐久性

1-29　工程质量保修从工程（　　）之日起计算。

          A. 竣工   B. 竣工验收   C. 竣工验收合格   D. 投入使用

1-30　屋面防水工程的最低保修年限为（　　）。

          A. 5 年   B. 9 年   C. 7 年   D. 3 年

第 2 章　全面质量管理

质量管理随着工业生产而出现、发展，并走向成熟。然而，质量管理作为一门学科，不过一百来年。20 世纪 50 年代美国质量管理专家费根堡姆（A. V. Feigenbaum）和朱兰（J. M. Juran）首先提出了全面质量控制（total quality control，TQC）的思想概念，经过多年的实践，发展为涵盖更为广泛的全面质量管理（total quality management，TQM）。

当今世界进入了一个竞争的时代，各大企业莫不"以质量求生存，以质量求发展"，产品质量是干出来的，也是管出来的。全面质量管理的理论和方法已经被世界各国普遍认识和广泛采用。

2.1　质量管理方法的演变

质量管理的实践性很强，伴随着现代管理科学的理论和实践，逐步发展成为一门独立的学科。质量管理方法的发展（演变）过程，大体上可以分为如下三个阶段（图 2.1）：质量检验阶段、统计质量控制阶段和全面质量管理阶段。

2.1.1　质量检验阶段

质量检验阶段也称为传统质量管理阶段，大约从 20 世纪初至 20 世纪 30 年代。此时人们对质量管理的理解还只限于对有形产品（硬件和流程性材料）质量的检验，还没有无形产品（比如服务、软件）的概念。在生产制造过程

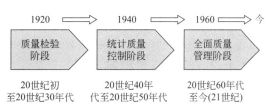

图 2.1　质量管理方法发展的三个阶段

中，检验人员通过严格的检验来保证转入下一道工序的零部件质量以及入库或出厂的产品质量。

质量检验作为一项专门职能或工种从生产操作中分离出来，是社会生产发展中专业分工的必然结果。产业革命前，多数产品是在手工作坊生产，产品质量主要依靠操作者的实际操作经验。19 世纪产业革命以后，出现了大型企业，劳动者集中在一起同时作业，人员分工较细，产品生产分为若干道工序。工序，又称"作业"，是工艺过程的一个组成部分，一个（或一组）工人在一个工作地上（如一台机床或一个装配位置）对一个（或几个）劳动对象所完成的一切连续活动的总和。各个工序则由不同的操作者或班组来完成，前后工序之间需要在时间、空间、数量和质量上相互衔接和配合，于是就出现了专职的企业管理人员（包括质量管理人员）。为了保证工序加工质量，需要制定质量标准，并由专门的质量检验人员，使用专门的测量工具，对工序的加工质量进行准确的测量和评定。

为了保证产品的一致性和互换性质量，从 1840 年开始出现了量规；自 1870 年以后世界上许多国家先后颁布了公差制度。20 世纪初，美国人弗雷德里克·温斯洛·泰勒（Frederick

Winslow Taylor）根据18世纪产业革命以来工业生产管理的实践经验，提出了"科学管理"的理论——管理要科学化、标准化。该理论主张将计划与执行分开，在执行中要有检验（检查）和监督。因此，专职检验有理论上的支撑，在实践中也得到进一步发展。

质量检验阶段的特点是强调事后把关和信息反馈。检验人员的职责是把已经生产出来的产品或半成品对照质量标准进行筛选，将合格品和不合格品分开。合格品进入成品库，不合格品予以报废（进入废品库）或做返修处理，并向管理部门报告，反馈信息给生产部门。即使在今天看来，这种事后把关的质量管理方式也仍然十分重要。它对提高劳动生产率、促进专业分工、保证最终产品的质量都具有重要的实际价值。通过产品质量检验中的信息反馈，可以及时地发现涉及产品和生产的技术问题和管理问题。企业在解决这些问题的同时，也促进了生产技术和管理水平的提高。

然而，从科学管理的角度看，质量检验阶段的检验职能有很大的局限性，主要表现在预防作用薄弱和适宜性差两个方面。

（1）预防作用薄弱　事后把关的检验方式，可以防止不合格品流入下一道工序或者出厂，却不能控制和防止不合格的发生。一旦出现不合格品，就已经成为事实，人、财、物方面的浪费就无法挽回了，所谓事后诸葛，于事无补。所以，这是一种被动的质量管理方式，不能防患于未然，预防作用薄弱。

（2）适宜性差　质量检验阶段的质量检验，采用的是"全数检验"或"全检"，将每件产品逐一不漏地对照标准进行检验。但是，在实际中，许多类型的生产方式和产品类型不能全检（比如破坏性检验）或者来不及全检（例如大批量生产的零部件），或者检验费用过高，或者根本没有必要全检，只适宜采用抽样检验。

对于抽样检验而言，采用怎样的抽样方案，才能保证所抽取的样本对总体的科学代表性；同时，在产品交付时如何能够保证供需双方承担合理的风险；这些都是质量检验阶段难以解决的问题。

2.1.2　统计质量控制阶段

统计质量控制（statistical quality control，SQC）就是将数理统计的原理和方法应用于质量管理，质量管理发展的这个阶段称为统计质量控制阶段，其代表时期是20世纪40～50年代。这个阶段的质量管理不再是事后诸葛，而是以预防为主，预防和把关相结合。

在质量检验阶段，产品的质量是在每件产品完成后进行检查以判别它是否合格。在大批量、快速生产的现代工业中，如再采用这种检查，可能不合格品已大量形成乃至发现已为时太晚。于是迫切需要一种监测、预报的手段，使不合格品在即将形成或刚开始形成时能及时发现，予以阻止。由于现代工业生产通常是按照同一设计、采用同样的原料、在相同的设备和操作条件下进行的，产品质量在一定程度上是均匀的；又由于许多不可避免的随机因素的作用，产品质量又必然会有波动。若没有系统性因素的作用，则产品质量特征是服从一定的概率分布的。这使数理统计方法有可能应用到质量管理中去，从而产生统计质量管理的理论和方法。尽管不少统计方法都可在质量管理中起到一定作用，但通常把统计质量管理理解为以下三方面的内容：

（1）控制图　用于对生产过程进行分析和监测，以及时发现异常因素，从而避免不合格品大量出现。

（2）抽样检验　即对一批产品作抽查，以对整批产品做出接收或拒收判断。这种判断存在两类风险：一是将合格品误判为不合格而拒收，供方风险；二是将不合格品误判为合格而接收，需方风险。

（3）可靠性理论和方法　它研究产品的失效规律和寿命分布，以评定和提高产品完成其规定功能的能力。

统计质量控制方法产生于美国，可以追溯到 20 世纪 20 年代。开创性的工作，是由在贝尔电话实验室工作的 W. A. 休哈特和 H. F. 道奇在 1925 年分别提出的休哈特控制图和计数抽样检验方案，当时只在少数工厂中应用。第二次世界大战中，由于对武器数量和质量的需求及美国政府的强制推行，使控制图和抽样检验的理论和方法得到进一步的发展和完善；此外，随着复杂武器系统的研制以及电子设备的广泛应用，产品可靠性问题也越来越突出，从而又开创了可靠性理论与可靠性工程，使统计质量管理进入新的发展阶段。战后，美国及其他国家相继成立了有关质量管理的专门学术机构，出版了许多刊物，还陆续制定了军用的、国家的和国际的抽样检验表和有关统计质量的标准。至 20 世纪 50 年代，数理统计方法在质量管理中的应用达到高峰，除美国以外，西方的英国、法国、德国、意大利、挪威和比利时、瑞典、荷兰、丹麦及墨西哥，东方的印度、日本，也都积极推广采用统计质量控制手段和方法，并取得显著成效。

2.1.3　全面质量管理阶段

随着生产的发展和科学技术的不断进步，人们的观念也在与时俱进，逐步认识到产品质量和成本密切相关，质量是在市场研究、设计、生产、检验、销售和服务的全过程中形成的，并在这个周而复始的全过程中不断改进和提高。因此，仅仅依靠数理统计方法控制生产过程中的产品质量是远远不够的，还需要全方位的综合性组织管理理论和方法。

20 世纪 50 年代，美国质量管理专家费根堡姆在《全面质量控制》一书中，第一次系统地阐述了全面质量管理的理论和方法；朱兰主编《质量控制手册》，提出了"总体质量控制"的观点，并描绘了全面质量管理的质量螺旋的深刻含义。

从 20 世纪 50 年代开始，日本从美国引进统计质量控制方法和全面质量控制（TQC）。在美国统计学家和质量管理专家的帮助下，日本的质量管理得到迅速发展，在不到 30 年的时间里，创建了日本式的全面质量控制，使日本的工业产品质量跃居世界前茅。

中国从 20 世纪 70 年代后期开始，吸取了日本的经验，结合本国具体情况，有计划地普及和应用全面质量控制，取得了较好的成效。中国许多行业推行"三全"质量控制：全员质量控制、全过程质量控制和全方位质量控制。

我们知道，质量控制是质量管理的一部分，致力于满足质量要求；质量管理则是关于质量的管理，即在质量方面指挥和控制组织协调的活动，通常包括制定质量方针和质量目标以及质量策划、质量控制、质量保证和质量改进。因此，20 世纪 80 年代以后，人们将全面质量控制（TQC）改为具有更大内涵的全面质量管理（TQM）。今天，全面质量管理的理论和方法已经被世界各国普遍认识和广泛采用。

2.2　全面质量管理的概念、支柱及发展历程

全面质量管理（total quality management，TQM），顾名思义，就是对全面质量的管理，或是实行全面的质量管理。目前，虽然没有关于 TQM 的权威性定义，但是这并不影响

其在全球范围内的共识和应用。

2.2.1 全面质量管理的概念

全面质量管理没有统一的定义，说法有多种。其一，它就是组织一个以质量为中心，以全员参与为基础，目的在于通过让顾客满意和本组织所有成员及社会受益而达到长期成功的管理途径；其二，为了能够在最经济的水平上并考虑到充分满足顾客要求的条件下进行市场研究、设计、制造和售后服务，企业内各部门的研制质量、维持质量和提高质量的活动构成为一体的一种有效的体系。在全面质量管理中，质量这个概念和全部管理目标的实现有关。

全面质量管理的特点在于全面性、全员性、预防性、服务性和科学性。

(1) 全面性 指全面质量管理的对象，是企业生产经营的全过程。

(2) 全员性 指全面质量管理要依靠全体职工。

(3) 预防性 指全面质量管理应具有高度的预防性，就是对产品质量进行事前控制，把质量缺陷和不合格消灭在发生之前，使每一道工序都处于受控状态。

(4) 服务性 主要表现在企业以自己的产品或劳务满足用户的需要，为用户服务。

(5) 科学性 质量管理必须科学化，必须更加自觉地利用现代科学技术和先进的科学管理方法。科学的质量管理要坚持用数据说话的观点，必须依据正确的数据资料进行加工、分析和处理，找出规律，再结合专业技术和实际情况，对存在的问题做出正确判断并采取正确措施。

实施全面质量管理，可以提高产品质量，改善产品设计，加速生产流程，鼓舞员工的士气和增强质量意识，改进产品售后服务，提高市场的接受程度，降低经营质量成本，减少经营亏损，降低现场维修成本，减少责任事故。

全面质量管理强调，为了取得真正的经济效益，管理必须始于识别顾客的质量要求，终于顾客对其手中的产品感到满意。全面质量管理就是为了实现这一目标而指导人、机器、信息的协调活动。

2.2.2 全面质量管理的支柱

全面质量管理是在卓越领导的参与下，充分发挥全体员工的潜能，以富有竞争力的成本不断满足顾客的需求和期望。而卓越领导、顾客导向、不断改进和全员参与，构成了全面质量管理的四大支柱（图 2.2）。

(1) 卓越领导 全面质量管理是从组织领导人的头脑中开始的，需要有头脑的领导参与质量管理。有头脑的领导能够理解全面质量管理对于组织的长远发展的作用和意义，并能帮助和带领全体员工获得成功，故将其称为卓越领导。

卓越领导有以下三个明显的特点：一是全面质量管理的驱动者，卓越领导具有足够的影响力，掌握着人、财、物等各种资源，不但能使一个组织脱胎换骨，而且能说服全体员工关注质量、关注顾客之需要，没有领导的重视与推动，全面质量管理是不可能取得成效的；二是最大程度地向员工授权，卓越领导在质量管理中并不事事独裁，而是最大程

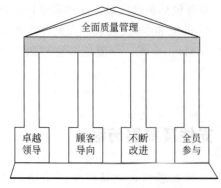

图 2.2 TQM 的四大支柱

度地向员工授权，充分发挥员工的积极性、创造性，共同为实现组织的质量目标而努力、而拼搏；三是顾客导向的核心价值观，卓越领导的核心思维方式是由超越利润的价值观和意识指导的，其伦理准则是告诉员工真诚地关心顾客，关心他人，将企业的社会责任放在利润之前，企业所做出的最简单、最基本的决定是顾客导向。

（2）顾客导向　一个没有顾客的企业就意味着失败，因此，企业经营活动的基本准则是使顾客满意。顾客是企业参与竞争的重要因素，一个成功的企业，一定有一个令顾客满意的运作体系。质量管理的原则之一，就是"以顾客为关注焦点"。组织应理解顾客当前的和未来的需求，满足顾客要求并超越顾客期望。在企业内部，凡接收上道工序的产品进行再生产的下道工序，就是上道工序的用户，"为用户服务"和"下道工序就是用户"是全面质量管理的一个基本观点。通过每道工序的质量控制，达到提高最终产品质量的目的。

顾客导向就是将顾客放在企业经营运作的中心位置，让顾客的需求引导企业的决策方向。顾客导向的要点可归结为以下几个方面：①企业经营的唯一目的是满足顾客的需求，并使顾客完全满意；②企业要从顾客的角度进行思考，以顾客的眼光评价本企业提供的产品和服务；③企业必须从顾客的角度出发比较和评价周围的一切；④顾客购买的不是产品和服务本身，而是其效用（比如有效性和效率）和价值；⑤如果在一次交易中，顾客没有得到与其所付出相当的回报，那么企业就增加了一个不满意顾客，将对企业造成负面影响；⑥不满意顾客的投诉不是企业的麻烦，而是送给企业的"礼物"；⑦每一位顾客都是企业的长久的合作伙伴；⑧企业怎样对待自己的员工，员工就会怎样对待企业的顾客。

（3）不断改进　市场竞争日趋激烈，不少行业已是买方市场，企业的经营面临更大的挑战性。因此，企业的经营活动有如逆水行舟，不进则退。不断改进产品质量，减少废品率、增加正品率，可降低产品的成本，为企业带来效益；任何时候产品质量都有改进的余地，不断地改进质量，使产品满足质量要求的能力不断增强，以更好地满足顾客的需求。

一个企业停止改进就等于开始倒退。改进是帮助一家企业接受变化的一个过程，而改进的过程则是一个能改变企业的管理特征和个性的极好的管理实践。

（4）全员参与　企业的经营活动在顾客导向的原则下，需要全员参与，不断改进。为了满足顾客需求，需要企业内所有人员参与，也需要与企业相关的外部人员的全面参与，包括供应商、代理商、分销商等外部顾客。所谓外部顾客，是指在企业外部市场环境中，在流通领域与企业有（或可能会有）硬件产品、服务和货币交换关系的组织。

为了追求卓越的质量经营业绩，全员参与应该遵循的基本原则是：第一，识别顾客的要求；第二，了解并改善与顾客和供应商的关系链；第三，只做正确的事情；第四，一开始就不要做错事情；第五，评估所取得的成绩；第六，以不断改进为目标；第七，注意高级管理者的领袖作用；第八，重视对员工的培训；第九，采用有效的沟通方法；第十，表扬为成功所做出的努力。

2.2.3　全面质量管理的发展历程

从 20 世纪 50 年代初费根堡姆提出全面质量管理的概念开始，世界各国就对它进行了全面深入的研究，使全面质量管理的思想、方法、理论在实践中不断得到应用和发展。概括地讲，全面质量管理的发展经历了以下四个阶段：

（1）日本从美国引入全面质量管理　1950 年美国质量管理专家戴明（W. Edward Deming）在日本开展质量管理讲座，日本人从中学习到了这种全新的质量管理的思想和方法。当时，全面质量管理的思路和概念并没有像如今一样被完整地提出来，但是它对日本经济的发展起到了极大的促进作用。至 1970 年，质量管理已经渗透到了全日本企业的基层。

（2）质量管理中广泛采用统计技术和计算机技术　从 20 世纪 70 年代开始，日本企业从质量管理中获得巨大的收益，充分认识到了全面质量管理的好处。日本人开始将质量管理当作一门科学来对待，并广泛采用统计技术和计算机技术进行推广和应用，全面质量管理在这一阶段获得了新的发展。

（3）全面质量管理的内容和要求得到标准化　随着全面质量管理理念的普及，越来越多的企业开始采用这种管理方法。1986 年，国际标准化组织（ISO）把全面质量管理的内容和要求进行了标准化，并于 1987 年 3 月正式颁布了 ISO 9000 系列标准，这是全面质量管理发展的第三个阶段。因此，我们通常所熟悉的 ISO 9000 系列标准实际上是对原来全面质量管理研究成果的标准化。

（4）质量管理上升到经营管理层面　随着质量管理思想和方法往更高层次发展，企业的生产管理和质量管理被提升到经营管理的层次。无论是学术界还是企业界，很多知名学者如美国的朱兰、日本的石川馨等人，都提出了很多有关这个方面的观念和理论，"质量管理是企业经营的生命线"这种观念逐渐被越来越多的企业所接受。

2.3　全面质量管理中的质量环

全面质量管理经历了半个多世纪的发展与实践，形成了一套比较成熟的理论和方法。质量环作为质量管理的基本方法，最早由休哈特先生于 20 世纪 30 年代提出设想，后来经不同学者完善、推广，形成了不同的质量环。这里介绍著名的戴明环和朱兰的质量环。

2.3.1　戴明环（PDCA 循环）

戴明作为质量管理的先驱者，其学说对国际质量管理的理论和方法具有重要影响。以戴明命名的"日本戴明奖"，从 1950 年至今已经成为世界著名的三大质量奖项之一，另外两项分别为"美国鲍德里奇国家质量奖"和"欧洲质量奖"。

戴明最早提出了 PDCA 循环的概念，所以又称戴明环。PDCA 循环（图 2.3）是能使任何一项活动有效进行的一种合乎逻辑的工作程序，不但在质量管理中得到了广泛的应用，而且为现代管理理论和方法开拓了新思路。P、D、C、A 为四个英文单词的首字母，其代表的意义如下：

P（plan）——策划（计划）。策划或计划包括质量方针和质量目标的确定以及活动计划的制定。

D（do）——实施（执行）。实施或执行就是具体运作，实现计划中的内容。

C（check）——检查。检查计划的执行情况，总结执行计划的结果，分清哪些对了，哪些错了，明确效果，找出问题。

A（action）——处置（行动）。处置或行动就是对总结检查的结果进行处理，对成功的经验加以肯定，并予以标准化，或制定作业指导书，便于以后工作时遵守；对于失败的教训也要吸取，以免重

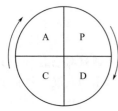

图 2.3　PDCA 循环的原理

蹈覆辙；对于没有解决的问题，应提交给下一个循环去解决。

在质量管理活动中，要求把各项工作按照制订计划、计划实施、检查实施效果的顺序进行，然后将成功的纳入标准，不成功的留待下一循环去解决。这一工作方法是质量管理的基本方法，也是企业管理各项工作的一般规律。PDCA 循环具有以下三个明显的特点：

（1）周而复始　PDCA 循环不是运行一次就完结，而是周而复始地重复进行。一个循环结束了，解决了一部分问题，可能还有问题没有解决，或者又出现了新的问题，再进行下一个循环，以此类推。

（2）大环带小环　企业整体的 PDCA 循环组成一个大循环，每个部门、小组都有自己的 PDCA 循环，并都成为企业大循环中的小循环。这种循环的结构形式为大环带小环（图2.4），犹如机械上的"行星轮系"。

（3）阶梯式上升　PDCA 循环不是停留在一个水平上的循环，不断解决问题的过程就是水平逐步上升的过程（图2.5）。

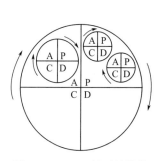

图 2.4　PDCA 循环的结构

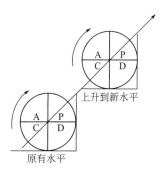

图 2.5　PDCA 循环的功能

在质量管理中，PDCA 循环得到了广泛的应用，并取得了很好的效果，因此有人称PDCA 循环是质量管理的基本方法。PDCA 管理模式的应用对企业提高日常工作的效率有很大的益处，它不仅在质量管理工作中可以运用，同样也适合于其他各项管理工作。中国成长型企业结合自身的管理实践，以结果为导向，把 PDCA 简化为 4Y 管理模式（图2.6），让这一经典理论得到了新的发展。

所谓 4Y 即英文的 4 个 Yes，包括 Y1 计划到位（Yes Plan）、Y2 责任到位（Yes Duty）、Y3 检查到位（Yes Check）和 Y4 激励到位（Yes Drive）。

（1）计划到位　好的结果来自充分的事前准备和有效的协同配合。谋定而后动，协同则有序。

（2）责任到位　计划的完成需要行动的支持，责任到人才会有真正的行动，所以责任到位可以使"人人有事做，事事有人做"。

图 2.6　4Y 管理模式

（3）检查到位　人们不会做管理者期望的，只会做管理者监督和检查的，所以要检查到位。用数据说话，对事不对人。

（4）激励到位　有反馈必有激励，好报才会有好人，所以激励到位可以使"好人有好报"，好报产生更多好人。

结果决定着企业的有效产出，所以，4Y 管理模式始终强调结果导向。

2.3.2 全面质量管理的模式

应用戴明环和数理统计方法进行全面质量管理，典型的模式可以概况为四句话十六个字，即：一个过程，四个阶段，八个步骤，七种工具。

（1）一个过程　即企业管理是一个过程。企业在不同时间内，应完成不同的工作任务。企业的每项生产经营活动，都有一个产生、形成、实施和验证的过程。

（2）四个阶段　即 PDCA 循环（戴明环）。

第一个阶段：P 阶段——发现适应用户的要求，并以取得最经济的效果为目标，通过调查、设计、试制，制定技术经济指标、质量目标、管理项目以及达到这些目标的具体措施和方法。这是策划阶段（或计划阶段）。

第二个阶段：D 阶段——按照所制订的计划和措施去付诸实施。这是实施阶段（或执行阶段）。

第三个阶段：C 阶段——对照计划，检查执行的情况和效果，及时发现计划实施过程中的经验和问题。这是检查阶段。

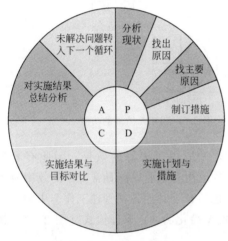

图 2.7　四个阶段与八个步骤

第四个阶段：A 阶段——根据检查的结果采取措施、巩固成绩、吸取教训，以利再战。这是总结处置阶段（或行动阶段）。

（3）八个步骤　为了解决和改进质量问题，PDCA 循环中的四个阶段还可以具体划分为八个步骤（图 2.7）。

第一步：分析现状，找出存在的质量问题。

第二步：分析产生质量问题的各种原因或影响因素。

第三步：找出影响质量的主要因素或原因。

第四步：针对影响质量的主要因素，提出计划，制订措施。此时需要回答"5W1H"的问题：Why——为什么要制订该措施？What——需要达到什么目标？Where——在何处执行或实施？When——何时完成？Who——由谁负责完成？How——如何完成（方法）？

第五步：执行计划，落实措施。

第六步：检查计划的实施情况，将结果与目标进行对比。

第七步：对实施结果总结分析，巩固成绩，工作结果标准化。

第八步：提出尚未解决的问题，转入下一个循环。

（4）七种工具　质量管理中最常用的七种工具或统计方法，它们是排列图、因果图、直方图、分层法、相关图、控制图及统计分析表。这套方法是以数理统计为理论基础，不仅科学可靠，而且比较直观。

PDCA 循环的过程模式，如表 2.1 所示。

表 2.1　PDCA 循环的过程模式

阶段	步骤	方　　法	阶段	步骤	方　　法
P	1	找出存在的问题 (1) 排列图 *A B C D E* (2) 直方图 *T* (3) 控制图 *UCL CL LCL*	P	4	制订措施计划 回答"5W1H" Why　必要性 What　目的 Where　地点 When　时间 Who　执行者 How　方法
	2	分析问题的原因 因果图　工艺　设备 测量　操作　材料	D	5	实施计划 要按计划执行,严格落实措施
	3	找出主要影响原因 (1) 排列图 (2) 相关图 *y x*	C	6	检查计划执行效果 (1) 排列图 (2) 直方图 *C E B D A* (3) 控制图 *UCL CL LCL*
			A	7	巩固成绩 把工作结果标准化,主要有: ①制定或修改工作规程; ②制定或修改检查规程; ③制定或修改有关规章制度
				8	提出问题 反映到下一次计划,重新开始下一个 PDCA 循环

2.3.3　朱兰的质量环

质量管理专家朱兰认为:质量是一种合用性,而所谓"合用性(fitness for use)"是指使产品在使用期间能满足使用者的需求。事实证明,TQM 带给企业一个强烈的呼声,一个新的工作动力,一种新的管理方法。为此,企业对 TQM 必须全力以赴,再接再厉。因为 TQM 给企业经营提供了一种新的管理方法和体系,其"质量计划、质量控制和质量改进"被称为"朱兰三部曲",朱兰还是最早将经济学中帕累托原理引入质量管理的人。

朱兰的质量环(quality loop),又称为质量螺旋(quality spira),如图 2.8 所示。他提出,为了获得产品的合用性,需要进行一系列工作活动;也就是说,产品质量是在市场研究、开发、设计、计划、采购、生产、控制、检验、销售、服务、反馈等全过程中形成的,

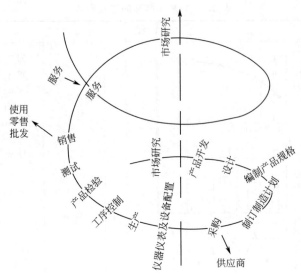

图 2.8　朱兰的质量环

同时又在这个全过程的不断循环中螺旋式提高，所以也称为质量进展螺旋，总共包括 13 个环节。

在朱兰质量螺旋中，产品质量在产生、形成和实现的各个环节都存在着相互依存、相互制约、相互促进的关系，并不断循环，周而复始。每经过一次循环，产品质量就提高一步。

国际标准 ISO 8402 已经对质量环做出了如下定义：从识别需要到评价这些需要是否得到满足的各个阶段中，影响质量的相互作用活动的概念模式。

朱兰质量环或质量螺旋对产品质量管理的指导作用体现在以下几个方面：

（1）产品的质量形成过程包括市场研究，产品开发、设计，编制产品规格，制订制造计划，采购，仪器仪表及设备装置，生产，工序控制，产品检验、测试，销售及服务共 13 个环节。各个环节之间相互依存，相互联系，相互促进。

（2）产品质量形成的过程是一个不断上升、不断提高的过程。为了满足人们不断发展的需要，产品质量要不断改进，不断提高。

（3）要完成产品质量形成的全过程，就必须将上述各个环节的质量管理活动落实到各个部门以及有关的人员，要对产品质量进行全过程的管理。

（4）质量管理是一个社会系统工程，不仅涉及企业内的各部门及员工，还涉及企业外的供应商、零售商、批发商以及用户等单位及个人。

（5）质量管理是以人为主体的管理。朱兰螺旋曲线所揭示的各个环节的质量活动，都要依靠人去完成。人的因素在产品质量形成过程中起着十分重要的作用，质量管理应该提倡以人为主体的管理。此外，要使"循环"顺着螺旋曲线上升，必须依靠人力的推动，其中领导是关键。要依靠企业领导者做好计划、组织、控制、协调等工作，形成强大的合力去推动质量循环不断前进，不断上升，不断提高。

关于不同人所承担的质量责任的权重比例问题，朱兰根据大量的实际调查和统计分析后认为，在所发生的质量问题中，追究其原因，只有 20% 来自基层操作人员，而恰恰有 80% 的质量问题是由于领导责任所引起的，这一结论被称为朱兰的"80/20 原则"。在国际标准 ISO 9000 中，与领导责任相关的要素所占的重要地位，在客观上证实了朱兰的"80/20 原则"所反映的普遍规律。

环视当今社会，国家间的竞争正逐渐被企业间产品及服务的竞争所替代。质量已不再是一种奢侈品，而是任何产品及服务所必须具备的。用户完全满意已经成为世界一流企业和跨国公司所必须具备的最基本要求。因此，每个企业、每种产品和服务，要想在国际市场上占有一席之地，都要面对严格的质量要求，都要努力使自己达到世界级的质量水平。

全面质量管理有利于提高企业的素质，增强市场竞争力，这就要求企业各部门之间员工齐心协力，把专业技术、经营管理等结合起来。

复习题

2-1 质量检验阶段也称为传统质量管理阶段，其检验职能的局限性主要表现在哪几个方面？

2-2 什么是工序？

2-3 抽样检验是对同一批产品进行抽查，它存在什么风险？

2-4 "三全"质量控制指的是哪"三全"？

2-5 全面质量管理的特点有哪些？

2-6 PDCA 循环又称为戴明环，其明显的特点有哪些？

2-7 何谓朱兰的"80/20 原则"？

2-8 质量管理方法的演变过程，大体上可分为四个阶段，即质量检验阶段、统计质量控制阶段、全面质量管理阶段和 ISO 质量管理阶段。（正确画√，错误画×）

2-9 质量检验阶段的特点是强调事后把关和信息反馈。（正确画√，错误画×）

2-10 统计质量控制阶段的质量管理是事后诸葛，不再是以预防为主、预防和把关相结合。（正确画√，错误画×）

2-11 全面质量管理的思想和实践源于 20 世纪 70 年代的日本，中国吸取日本经验后在许多行业推行"三全"质量控制。（正确画√，错误画×）

2-12 企业质量管理支柱之一"全员参与"，其中的全员通常指企业内部的全体工作人员，而不包括该企业以外的人员。（正确画√，错误画×）

2-13 全面质量管理的模式可以概括为"一个过程，四个阶段，八个步骤，七种工具"。（正确画√，错误画×）

2-14 因为产品质量形成于多个环节，各个环节的质量活动都要依靠人去完成，所以质量管理是以人为主体的管理。（正确画√，错误画×）

2-15 朱兰认为，在发生的产品质量问题中，基层操作人员所承担的责任占（   ）。
A. 80%   B. 60%   C. 40%   D. 20%

2-16 4Y 质量管理模式指的是 4 个到位（Yes），即计划到位、责任到位、（   ）和激励到位。
A. 管理到位   B. 检查到位   C. 领导到位   D. 员工到位

2-17 全面质量管理的特点在于全面性、全员性、预防性、（   ）和科学性。
A. 服务性   B. 领导性   C. 控制性   D. 保证性

2-18 质量管理理论认为，TQM 有（   ）大支柱。
A. 二   B. 三   C. 四   D. 五

2-19 企业怎样对待自己的员工，员工就会怎样对待（　　）。

    A. 企业的领导   B. 企业的顾客   C. 企业的产品   D. 企业的设备

2-20 全面质量管理模式可以概括为"一个过程，四个阶段，八个步骤，七种工具"。其中四个阶段分别是策划阶段、（　　）、检查阶段和处置阶段。

    A. 论证阶段   B. 决策阶段   C. 评估阶段   D. 实施阶段

2-21 质量管理中被称为"朱兰三部曲"的是：质量计划、质量控制和（　　）。

    A. 质量改进   B. 质量保证   C. 质量方针   D. 质量目标

第3章　企业质量管理体系

质量管理体系是组织（企业）内部建立的、为实现质量目标所必需的、系统的质量管理模式，是组织的一项战略决策。它将资源与过程结合，以过程管理方法进行系统管理，根据企业特点选用若干体系要素加以组合，一般包括与管理活动、资源提供、产品实现以及测量、分析和改进活动相关的过程，可以理解为涵盖了从确定顾客需求、设计研制、生产、检验、销售、交付之前全过程的策划、实施、监控、纠正与改进活动的要求。

3.1　ISO 9000 质量管理体系

针对质量管理体系的要求，国际标准化组织（ISO）质量管理和质量保证技术委员会（ISO/TC 176）制定了 ISO 9000 系列标准，以适用于不同类型、产品、规模与性质的组织。

3.1.1　国际标准化组织和 ISO 9000

1946 年 10 月，25 个国家标准化机构的代表在伦敦召开大会，决定成立新的国际标准化机构，定名为 ISO（ISO 来源于希腊语 "ISOS"，即平等之意），英文名称为 "International Organization for Standardization"，译成汉语则为 "国际标准化组织"。大会起草了 ISO 的第一个章程和议事规则，并通过了该章程草案。1947 年 2 月 23 日，国际标准化组织正式成立，标识如图 3.1 所示。

国际标准化组织（ISO）是一个全球性的非政府组织，是国际标准化领域中一个十分重要的组织，其成员分为正式成员（P 成员）和观察员（O 成员）两类。ISO 总部设在瑞士日内瓦，现有成员国一百六十余个。1978 年中国成为 ISO 的正式成员，在 2008 年 10 月的第 31 届国际标准化组织大会上，中国成为 ISO 的常任理事国。

国际标准化组织与国际电工委员会（IEC）紧密配合，制定全球协调一致的国际标准。ISO 的宗旨是：在世界范围内促进标准化工作

图 3.1　ISO 标识

的发展，以便于国际物资交流和互助，并扩大在文化、科学、技术和经济方面的合作。其主要任务是：制定国际标准，协调世界范围内的标准化工作，与其他国际性组织合作研究有关标准化问题。目前，ISO 约有 900 个专业技术委员会（technical committee，TC）和分技术委员会（SC），由各正式成员国的代表在这些委员会中参与国际标准的制定。国际标准由技术委员会（TC）和分技术委员会（SC）经过六个阶段形成：①申请阶段；②预备阶段；③委员会阶段；④审查阶段；⑤批准阶段；⑥发布阶段。

1979 年，大不列颠及北爱尔兰联合王国（U.K.，英国）标准学会（BSI）向 ISO 提交正式提案，建议成立一个新技术委员会，负责制定有关质量保证技术和应用的国际标准。这

个新技术委员会很快被批准建立，编号为 ISO/TC 176，称为质量管理和质量保证技术委员会，并确定了工作范围和秘书处。TC 176 秘书处下设三个分技术委员会：SC_1 术语和概念，SC_2 质量体系，SC_3 技术支持。分技术委员会再下设若干工作组（WG），负责起草 ISO 9000 系列（族）标准。

ISO/TC 176 的工作范围覆盖了国际贸易中对产品或服务的质量管理和质量保证要求的 80%～90%。自 1987 年正式发布 ISO 9000 族标准起至今的 30 年间，经过多次修改、补充与完善，先后发布了不同版本的 ISO 9000 标准，如 1994 版、2000 版、2008 版、2015 版。

各个国家根据自己的具体情况，在采用国际标准时可以有以下三种方式：等同采用、等效采用、不等效采用。

（1）等同采用　等同采用国际标准通常用 IDT（identical）表示，是指国家标准在采用国际标准时，在技术内容和编写方法上和国际标准完全相同。

（2）等效采用　等效采用国际标准通常用 EQV（equivalent）表示，是指国家标准在采用国际标准时，在技术内容上完全相同，但在编写方法上和国际标准不完全相同。

（3）不等效采用　不等效采用国际标准通常用 NEQ（no-equivalent）表示，是指国家标准在技术内容上和国际标准不相同。

3.1.2　ISO 9000 族标准

针对质量管理体系的要求，ISO/TC 176 制定了 ISO 9000 族系列标准，以适用于不同类型、产品、规模与性质的组织。我国发布的国家标准 GB/T 19000 族标准等同采用了 ISO 9000 族国际标准（图 3.2），它由 4 个核心标准、1 个支持性标准、若干个技术报告和宣传性小册子构成。其中 4 个核心标准为：

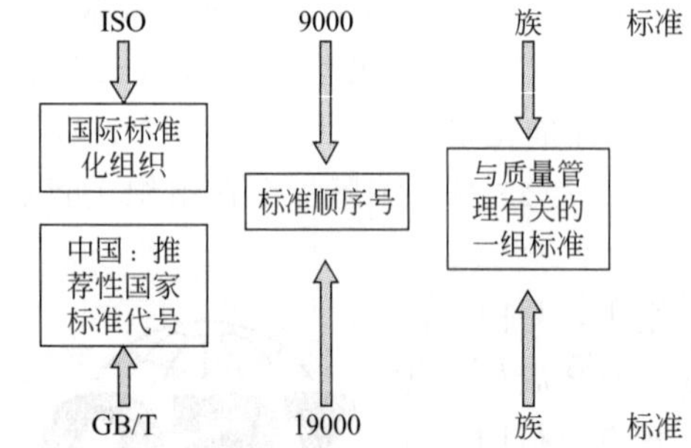

图 3.2　ISO 9000 族国际标准（系列标准）

（1）GB/T 19000—2016《质量管理体系　基础和术语》(ISO 9000：2015，IDT)；

（2）GB/T 19001—2016《质量管理体系　要求》(ISO 9001：2015，IDT)；

（3）GB/T 19004—2011《追求组织的持续成功　质量管理方法》(ISO 9004：2009，IDT)；

（4）GB/T 19011—2013《质量体系审核指南》(ISO 9011：2011，IDT)。

所谓质量管理体系，就是组织建立质量方针和质量目标以及实现这些质量目标的过程的相互关联或相互作用的一组要素。

（1）GB/T 19000—2016《质量管理体系　基础和术语》(ISO 9000：2015，IDT)　该标准起着奠定理论基础、统一术语概念和明确指导思想的作用，具有重要的地位。标准中提出的质量管理七项原则是在原八项原则的基础上总结质量管理的实践经验修订而成的，是制定 ISO 9000 族标准的理论基础。

（2）GB/T 19001—2016《质量管理体系　要求》(ISO 9001：2015，IDT)　这是用于审核和第三方认证的唯一标准，它提出的要求是对产品要求的补充。标准为下列组织规定了质量管理体系要求：需要证实其具有稳定地提供满足顾客要求和适用法律法规要求的产品和服务的能力；通过管理体系的有效应用，包括体系改进的过程，以及保证符合顾客要求和适用法律法规的要求，旨在增强顾客满意。标准中所提出的质量管理体系要求都是通用的，旨在适用于各种类型、不同规模、提供不同产品和服务的组织。

标准在"组织环境、领导作用、策划、支持、运行、绩效评价和改进"等方面对质量管理体系及其所需的过程提出了具体要求。

（3）GB/T 19004—2011《追求组织的持续成功　质量管理方法》（ISO 9004：2009，IDT）　该标准为使用者提供了质量管理体系的整体视野，指导组织实现持续成功。标准为组织提供了通过运用质量管理方法实现持续成功的指南，以帮助组织应对复杂的、严峻的和不断变化的环境。因为属于指南性标准，所以不能用于认证、审核、制定法规和合同目的。

标准鼓励组织在建立、实施和改进质量管理体系及提高其有效性和效率时，采用"过程方法"，通过满足相关方要求来提高相关方的满意程度。

（4）GB/T 19011—2013《质量体系审核指南》（ISO 9011：2011，IDT）　这个标准不陈述要求，只提供关于审核方案管理和管理体系审核的策划和实施以及审核员和审核组能力和评价的指南，并提出了审核六原则：诚实正直、公正表达、职业素养、保密性、独立性、基于证据的方法。该标准适用于审核员、实施管理体系的组织以及由于合同或法律法规要求需要实施管理体系审核的组织。

3.1.3　质量管理七项原则

为了保证质量目标实现，ISO 9000：2015 将原质量管理八项原则调整为七项，即以顾客为关注焦点、领导作用、全员积极参与、过程方法、改进、循证决策和关系管理。这七项原则不仅是 ISO 9000 族标准的理论基础，而且是组织的领导者进行质量管理活动的基本准则。

（1）以顾客为关注焦点　质量管理的首要关注点是满足顾客要求并且努力超越顾客期望。

①　依据。组织只有赢得和保持顾客和其他相关方的信任才能获得持续成功。与顾客相互作用的每个方面，都提供了为顾客创造更多价值的机会。理解顾客和其他相关方当前和未来的需求，有助于组织的持续成功。

②　主要益处。主要益处可能有：提升顾客价值；增强顾客满意；增进顾客忠诚；增加重复性业务；提高组织的声誉；扩展顾客群；增加收入和市场份额。

③　可开展的活动。可开展的活动包括：识别从组织获得价值的直接和间接顾客；理解顾客当前和未来的需求和期望；将组织的目标与顾客的需求和期望联系起来；在整个组织内沟通顾客的需求和期望；为满足顾客的需求和期望，对产品和服务进行策划、设计、开发、生产、交付和支持；测量和监视顾客满意情况，并采取适当的措施；在有可能影响到顾客满意的相关方的需求和适宜的期望方面，确定并采取措施；主动管理与顾客的关系，以实现持续成功。

（2）领导作用　各级领导建立统一的宗旨及方向，并创造全员积极参与、实现组织的质量目标的条件。

①　依据。统一的宗旨和方向的建立，以及全员的积极参与，能够使组织将战略、方针、过程和资源协调一致，以实现其目标。

②　主要益处。主要益处可能有：提高实现组织质量目标的有效性和效率；组织的过程更加协调；改善组织各层级、各职能间的沟通；开发和提高组织及其人员的能力，以获得期

望的结果。

③ 可开展的活动。可开展的活动包括：在整个组织内，就其使命、愿景、战略、方针和过程进行沟通；在组织的所有层级创建并保持共同的价值观，以及公平和道德的行为模式；培育诚信和正直的文化；鼓励在整个组织范围内履行对质量的承诺；确保各级领导者成为组织中的榜样；为员工提供履行职责所需的资源、培训和权限；激发、鼓励和表彰员工的贡献。

（3）全员积极参与　整个组织内各级胜任、经授权并积极参与的人员，是提高组织创造和提供价值能力的必要条件。

① 依据。为了有效和高效地管理组织，各级人员得到尊重并参与其中是极其重要的。通过表彰、授权和提高能力，促进在实现组织的质量目标过程中的全员积极参与。

② 主要益处。主要益处可能有：组织内人员对质量目标有更深入的理解，以及更强的加以实现的动力；在改进活动中，提高人员的参与程度；促进个人发展、主动性和创造力；提高人员的满意度；增强整个组织内的相互信任和协作；促进整个组织对共同价值观和文化的关注。

③ 可开展的活动。可开展的活动包括：与员工沟通，以增强他们对个人贡献的重要性的认识；促进整个组织内部的协作；提倡公开讨论，分享知识和经验；让员工确定工作中的制约因素，并毫无顾虑地主动参与；赞赏和表彰员工的贡献、学识和进步；针对个人目标进行绩效的自我评价；进行调查以评估人员的满意程度、沟通结果，并采取适当的措施。

（4）过程方法　将活动作为相互关联、功能连贯的过程组成的体系来理解和管理时，可更加有效和高效地得到一致的、可预知的结果。

① 依据。质量管理体系是由相互关联的过程组成的。理解体系是如何产生结果的，能够使组织尽可能地完善其体系和优化绩效。

② 主要益处。主要益处可能有：提高关注关键过程的结果和改进的机会的能力；通过由协调一致的过程所构成的体系，得到一致的、可预知的结果；通过过程的有效管理、资源的高效利用及职能壁垒的减少，尽可能提升其绩效；使组织能够向相关方提供关于其一致性、有效性和效率方面的信任。

③ 可开展的活动。可开展的活动包括：确定体系的目标和实现这些目标所需的过程；为管理过程确定职责、权限和义务；了解组织的能力，预先确定资源的约束条件；确定过程相互依赖的关系，分析个别过程的变更对整个体系的影响；将过程及其相互关系作为一个体系进行管理，以有效和高效地实现组织的质量目标；确保获得必要的信息，以运行和改进过程，并监视、分析和评价整个体系的绩效；管理可能影响过程输出和质量管理体系整体结果的风险。

（5）改进　成功的组织持续关注改进。

① 依据。改进对于组织保持当前的绩效水平，对其内外部条件的变化做出反应，并创造新的机会，都是非常必要的。

② 主要益处。主要益处可能有：提高过程绩效、组织能力和顾客满意；增强对调查和确定基本原因以及后续的预防和纠正措施的关注；提高对内外部风险和机遇的预测和反应能力；增加对渐进性和突破性改进的考虑；更好地利用学习来改进；增强创新的动力。

③ 可开展的活动。可开展的活动包括：促进在组织的所有层级建立改进目标；对各层级人员进行教育和培训，使其懂得如何应用基本工具和方法实现改进目标；确保员工有能力

成功地促进和完成改进项目；开发和展开过程，以在整个组织内实施改进项目；跟踪、评审和审核改进项目的计划、实施、完成和结果；将改进与新的或变更的产品、服务和过程的开发结合在一起予以考虑；赞赏和表彰改进。

（6）循证决策　基于数据和信息的分析和评价的决策，更有可能产生期望的结果。

① 依据。决策是一个复杂的过程，并且总是包含一些不确定性。它经常涉及多种类型和来源的输入及其理解，而这些理解可能是主观的，重要的是理解因果关系和潜在的非预期后果。对事实、证据和数据的分析可导致决策更加客观、可信。

② 主要益处。主要益处可能有：改进决策过程；改进对过程绩效和实现目标的能力的评估；改进运行的有效性和效率；提高评审、挑战和改变观点及决策的能力；提高证实以往决策有效性的能力。

③ 可开展的活动。可开展的活动包括：确定、测量和监视关键指标，以证实组织的绩效；使相关人员能够获得所需的全部数据；确保数据和信息足够准确、可靠和安全；使用适宜的方法对数据和信息进行分析和评价；确保人员有能力分析和评价所需的数据；权衡经验和直觉，基于证据进行决策并采取措施。

（7）关系管理　为了持续成功，组织需要管理与相关方（如供方）的关系。

① 依据。相关方影响组织的绩效。当组织管理与所有相关方的关系，以尽可能有效地发挥其在组织绩效方面的作用时，持续成功更有可能实现。对供方及合作伙伴网络关系的管理是尤为重要的。

② 主要益处。主要益处可能有：通过对每一个与相关方有关的机会和限制的响应，提高组织及其相关方的绩效；对目标和价值观，与相关方有共同的理解；通过共享资源和人员能力，以及管理与质量有关的风险，增强为相关方创造价值的能力；具有管理良好、可稳定提供产品和服务的供应链。

③ 可开展的活动。可开展的活动包括：确定相关方（如供方、合作伙伴、顾客、投资者、雇员或整个社会）及其与组织的关系；确定和排序需要管理的相关方的关系；建立权衡短期利益与长期考虑的关系；与相关方共同收集和共享信息、专业知识和资源；适当时，测量绩效并向相关方报告，以增加改进的主动性；与供方、合作伙伴及其他相关方合作开展开发和改进活动；鼓励和表彰供方及合作伙伴的改进和成绩。

3.1.4　质量管理体系的特征

质量管理体系的特征体现在六个方面，即符合性、系统性、全面有效性、预防性、动态性和持续受控。

（1）符合性　欲有效开展质量管理，必须设计、建立、实施和保持质量管理体系。组织的最高管理者依据 ISO 9001 或 GB/T 19001 使质量管理体系的设计、建立符合行业特点、组织规模、人员素质和能力，同时还要考虑到产品和过程的复杂性、过程的相互作用、顾客的特点等方面的情况。

（2）系统性　质量管理体系是相互关联和作用的子系统所组成的复合系统，包括：①组织结构——合理的组织机构和明确的职责、权限及其协调的关系；②程序——规定到位的形成文件的程序和作业指导书，是过程运行和进行活动的依据；③过程——质量管理体系的有效实施，是通过其过程的有效运行来实现的；④资源——必需、充分且适宜的资源包括人员、材料、设施、设备、料件、能源、资金、技术和方法等。

（3）全面有效性　质量管理体系的运行应是全面有效的，既能满足组织内部质量管理的要求，又能满足组织与顾客的合同要求，还能满足第二方认定、第三方认证和注册的要求。

（4）预防性　质量管理体系应能采用适当的预防措施，有一定的防止重要质量问题发生的能力。

（5）动态性　组织应综合考虑利益、成本和风险，通过质量管理体系持续有效运行和动态管理使其最佳化。最高管理者定期批准进行内部质量管理体系审核，定期进行管理评审，以改进质量管理体系；还要支持质量职能部门（含车间、现场）采用纠正措施和预防措施改进过程，从而完善体系。

（6）持续受控　质量管理体系应保持所需过程及其活动持续受控。

3.2　企业质量管理体系的建立

企业应结合自身的具体情况，按照 ISO 9000 或 GB/T 19000 族标准的要求，建立质量管理体系。企业质量管理体系通常包含质量管理制度、质量手册、生产管理相关程序性文件和质量记录等。

3.2.1　质量管理体系策划

质量管理体系的策划是建立和实施质量管理体系的前期准备工作，其主要工作包括：教育培训，统一认识；组织落实，拟定计划；制定方针，明确目标；调查现状，分析评价；健全机构，配备资源。

（1）教育培训，统一认识　质量管理体系建立和完善的过程，是始于教育、终于教育的过程，也是提高认识和统一认识的过程，教育培训要分层次、循序渐进地进行。

第一层次为决策层，包括党、政、技（术）领导。主要培训为：通过介绍质量管理和质量保证的发展和本单位的经验教训，说明建立、完善质量管理体系的迫切性和重要性；通过 ISO 9000 族标准的总体介绍，提高按国家（国际）标准建立质量管理体系的认识；通过质量管理体系要素讲解（重点应讲解"管理职责"等总体要素），明确决策层领导在质量管理体系建立中的关键地位和主导作用。

第二层次为管理层，重点是管理部门、技术部门和生产部门的负责人，以及与建立质量管理体系有关的工作人员。该层次的人员是建立、完善质量管理体系的骨干力量，起着承上启下的作用，要使他们全面接受 ISO 9000 族标准有关内容的培训，在方法上可采取讲解与研讨相结合。

第三层次为执行层，即与产品质量形成全过程有关的作业人员。对这一层次人员主要培训与本岗位质量活动有关的内容，包括在质量活动中应承担的任务，完成任务应赋予的权限，以及造成质量过失应承担的责任等。

（2）组织落实，拟定计划　尽管质量管理体系建立涉及一个组织的所有部门和全体职工，但对多数单位来说，成立一个精干的工作班子可能是需要的，根据一些单位的做法，这个班子也可分为三个层次。

第一层次：成立以最高管理者（厂长、总经理等）为组长，质量主管领导为副组长的质量管理体系领导小组（或委员会）。其主要任务包括：质量管理体系建立的总体规划，制定质量方针和目标，按职能部门进行质量职能的分解。

第二层次：成立由各职能部门领导（或代表）参加的工作班子。这个工作班子一般由质量部门和计划部门的领导共同牵头，其主要任务是按照质量管理体系建立的总体规划具体组织实施。

第三层次：成立要素工作小组。根据各职能部门的分工，明确质量管理体系要素的责任单位，例如，"设计控制"要素一般应由设计部门负责，"采购"要素由物资采购部门负责。组织和责任落实后，按不同层次分别制订工作计划，在制订工作计划时应目标明确、控制进程、突出重点。

（3）制定方针，明确目标 质量方针是由组织的最高管理者正式发布的该组织总的质量宗旨和方向，体现了一个组织对质量的追求，对顾客的承诺，是职工质量行为的准则和质量工作的方向。制定质量方针的要求是：与总方针相协调；应包含质量目标；结合组织的特点；确保各级人员都能理解和坚持执行。质量方针的建立为组织确定了未来发展的蓝图，也为质量目标的建立和评审提供了框架。

质量目标是质量方针的具体化，是组织"在质量方面所追求的目的"。质量目标应符合以下要求：①需要量化，它是可测量评价能够达到的指标；②要先进合理，起到质量管理水平的定位作用；③可定期评价、调整，以适应内外部环境的变化；④为保证目标的实现，质量目标要层层分解，落实到每一个部门及员工。

质量方针必须通过质量目标的执行和实现才能得到落实，质量目标的建立为组织的运作提供了具体的要求，质量目标应以质量方针为框架具体展开。质量目标的内容要在组织当前质量水平的基础上，按照组织自身对更高质量的合理期望来确定，并适时修订和提高，以便与质量管理体系持续改进的承诺相一致。因为质量目标的实现对产品质量的控制、改进和提高、具体过程运作的有效性以及经济效益都有积极的作用和影响，所以也对组织获得顾客及相关方的满意和信任产生积极影响。

（4）调查现状，分析评价 质量管理体系建立和实施的目的是完善、整合、改造现有体系，使之更加规范和符合标准要求。应根据 ISO 9000 标准要求对组织现状进行调查和分析，对现有的质量管理体系进行分析评价，确定各个过程中应开展的活动。主要内容包括：体系情况分析，产品特点分析，组织结构分析，生产设备和检测设备能否适应体系的有关要求，技术、管理和操作人员的组成、结构及水平状况的分析，以及管理基础工作情况分析。

对以上内容可采取与标准中规定的质量管理体系要素要求进行对比性分析，明确现有工作流程和管理方法与标准要求有哪些差距，以便选取合适的质量管理体系要素。

（5）健全机构，配备资源 在一个组织中除质量管理外，还有其他各种管理（如人力资源管理、财务管理等）。组织机构设置由于历史沿革多数并不是按质量形成客观规律来设置相应的职能部门的，所以在完成落实质量管理体系要素并展开对应的质量活动以后，必须将活动中相应的工作职责和权限分配到各职能部门。一方面是客观展开的质量活动；另一方面是人为的、现有的职能部门，两者之间的关系处理。一般地讲，一个质量职能部门可以负责或参与多个质量活动，但不要让一项质量活动由多个职能部门来负责。在活动展开的过程中，必须涉及相应的硬件、软件和人员配备，根据需要应进行适当的调配和充实。

3.2.2 质量管理体系文件编制

质量管理体系的实施和运行是通过建立和贯彻质量管理体系的文件来实现的，所谓文件就是信息载体。质量管理体系文件要求为规范全体员工的质量行为提出一致性标准，是企业质量管理工作的纲领性文件，是衡量和评价企业质量管理水平的依据，同时也是提供第二方或第三方评定企业满足顾客要求和法律法规要求能力的依据。编制适合自身特点并具有可操作性的质量管理体系文件是企业质量管理体系建立过程的中心任务。

（1）质量管理体系文件的编制原则　组织或企业在编制质量管理体系文件时应遵循下述原则。

① 符合性。符合质量方针和目标，符合质量管理体系的要求。

② 确定性。在描述质量活动过程时，何时、何地、由谁、依据什么文件、怎么做以及应保留什么记录等必须加以明确规定，排除人为的随意性。

③ 相容性。各种与质量管理体系有关的文件之间应保持良好的相容性，即不仅要协调一致不产生矛盾，而且要各自为实现总目标承担好相应的任务。

④ 可操作性。质量管理体系文件必须符合组织的客观实际，具有可操作性，这是体系文件得以有效贯彻实施的重要前提。

⑤ 系统性。质量管理体系是一个由组织结构、程序、过程和资源构成的有机的整体，而在体系文件的编写中，因要素和人员分工的不同，侧重点的不同，故难以保持全局的系统性，所以编写人员之间应加强协调和沟通，保证其系统性。

⑥ 独立性。在关于质量管理体系评价方面，应贯彻独立性原则，使体系评价人员独立于被评价的活动，即评价人员只能评价与自己无责任和利益关联的活动，以保证评价的客观性、真实性和公正性。

（2）质量管理体系文件的编写内容　质量管理体系文件由质量手册、程序文件、作业文件和质量记录等不同层次文件构成。

① 质量手册。质量手册是组织的质量管理体系的规范。质量手册是企业内部质量管理的纲领性文件和行动准则，应阐明企业的质量方针和目标。质量手册要按照"编写要做的，做到所写的"的原则进行编写，编写的内容有：质量手册说明、管理承诺、文件化体系要求、管理职责、资源管理、产品实现和测量、分析、改进等内容。为了适应组织的规模和复杂程度，质量手册在其详略程度和编排格式上可以不同。

② 程序文件。质量手册的支持性文件，针对特定的质量流程，规定何人、何时、何地、利用什么方式来做何事及其要求。程序文件是为实施质量管理体系的描述，它对所需要的各个职能部门的活动规定了所需要的方法，在质量手册和作业文件之间起承上启下的作用。程序文件的内容与数量由各企业依据管理要求自行决定，比如工程监理单位必须编制的基本程序文件是文件控制、质量记录控制、不合格品控制、内部审核控制、纠正措施控制和预防措施控制，还可以编写人力资源控制、检验测量控制和业主满意度监视测量控制等程序文件。

③ 作业文件。程序文件的支持性文件，是对具体的作业活动给出的指示性文件，故作业文件又称作业指导书。作业文件应根据法律法规、规范标准和质量手册的相关要求编写，其内容通常包含以下方面：编制目的、编制依据、适用范围、作业前的准备工作、作业方案、技术要求及措施、人员组织要求、质量保证措施、安全保证措施和环境保护措施。

④ 质量记录。质量记录是产品满足质量要求的程度和企业质量管理体系中各项质量活动结果的客观反映。组织在编写程序文件的过程中，应同时编制质量管理体系贯彻实施所需要的各种质量记录表格。

（3）质量管理体系文件的编写顺序　质量管理体系文件由专门编写小组编写，编写顺序可以自上而下进行，即按质量手册、程序文件、作业文件及记录表格的顺序编写；也可以自下而上地进行，即先编写体系文件较低层次的程序文件、质量记录和作业指导书的内容，而后编写层次高的质量手册。

首先应对文件编写组成员进行培训，接着制订编写计划，收集有关资料，编写组讨论文件间的接口，然后将文件初稿交咨询专家审核；咨询专家向编写组反馈并共同讨论修改意见之后，再由编写组成员修改文件直至文件符合要求。

（4）质量管理体系文件的审核、批准与发布　质量管理体系文件应分级审批。质量手册应由最高管理者审批，程序文件应由管理者代表批准，作业指导书一般由该文件业务主管部门负责人审批，跨部门/多专业的文件由管理者代表审批。文件审批后，应正式发布，并规定实施日期。以宣传和培训的形式，使组织中所有人员理解质量方针、目标和质量管理体系文件中规定的有关内容，在质量管理体系运行前，可以通过考试来检查员工对有关内容的了解和理解情况。

3.3　企业质量管理体系的实施

质量管理体系建立后，需要在企业实施或运行。在实施过程中，积累经验，对不足的地方需要进行改进，再通过内部审核、管理评审以及持续改进，使质量管理体系达到尽善尽美的程度，以便顺利通过第二方（顾客、项目业主）和第三方（认证机构）的审核。

3.3.1　质量管理体系试运行

质量管理体系文件编制完成后，将进入试运行阶段，其目的是通过试运行，考验质量管理体系文件的有效性和协调性，并对暴露出的问题，采取改进措施和纠正措施，以达到进一步完善的目的。在质量管理体系试运行过程中，要重点抓好以下工作。

（1）有针对性地宣传贯彻质量管理体系文件　通过宣传和贯彻，使全体员工认识到新建立或完善的质量管理体系是对过去质量管理体系的变革，是为了向国际标准接轨，要适应这种变革就必须认真学习贯彻质量管理体系文件。

（2）实践是检验真理的唯一标准　体系文件通过试运行必然会出现一些问题，全体员工应将在实践中出现的问题和改进意见如实反映给有关部门，以便采取纠正措施。

（3）改进体系　将质量管理体系试运行中暴露出的问题，如体系设计不周、项目不全等进行协调、改进。

（4）加强信息管理　这不仅是质量管理体系试运行本身的需要，也是保证试运行成功的关键。所有与质量活动有关的人员都应按体系文件要求，做好质量信息的收集、分析、传递、反馈、处理和归档等工作。

影响质量活动有效性的因素很多，例如旧的习惯、传统思想、缺乏认识、对文件理解偏差等。所以，对程序、方法、资源、人员、过程、记录、产品（服务）连续监控是非常必要的。发现有偏离标准的情况，应及时采取纠正措施，以保证质量管理体系的有效运行。

质量管理体系的有效运行可以概括为全面贯彻、行为到位、适时管理、适中控制、有效识别和不断完善六个方面。

（1）全面贯彻　所谓全面贯彻就是讲究系统性、整体性，全面贯彻七项管理原则，全面使用适宜的管理科技和管理技巧，要素全部按照 PDCA 循环展开，不可偏废，以取得整体成效。

（2）行为到位　所谓行为到位就是质量管理行为应当覆盖所有的管理空间，做到管理到位。质量管理体系要素管理到位的必要条件是管理行为覆盖其要素定义的管理空间。管理要素以它的各项要求构成了管理空间，管理行为要满足要素的各项要求，也就是覆盖它所构建的管理空间，而那些管理行为尚未顾及的地方称为管理真空或管理盲点。管理盲点会妨碍管理要素作用的发挥，导致产生主导质量问题，甚至出现过程失控的局面。质量管理体系做到行为到位，其含义包括文件规定到位、过程控制到位、方针目标管理到位和持续改进到位。

（3）适时管理　所谓适时管理就是管理行为的动态性、时间性和周期性，要求在正确的时间做正确的事，必须及时、准时，不要超时、误时。时间管理渗透在质量管理体系的各个层次、各个要素、各个方面：法律、标准、指标包含时间，建设单位要求服务在一定期限内提供，过程流程需要时间，PDCA 循环需要时间。

（4）适中控制　所谓适中控制就是管理行为要适中，掌握好度，做到恰到好处，既不应过火，也不应不足。质量管理体系要素管理到位的关键支柱是管理行为标准化和执行标准的水平，要求组织的最高管理者尊重法律，领导全体员工遵守法律法规和标准。

（5）有效识别　所谓有效识别就是管理行为对于事物状态的识别能力，对于问题、真伪的鉴别能力以及对于严重程度的判断能力等。质量管理体系要素管理到位的前提和保证是管理体系的识别能力、鉴别能力和解决能力。识别贯穿于整个质量管理体系的建立过程中，而过程方法则是控制论在质量管理体系中的应用，它要求人们有能力识别过程，识别过程变化趋势、变异，以便有效控制过程。

（6）不断完善　所谓不断完善就是管理行为的变革性，对于内外环境的适应性，无论是管理要素还是整个质量管理体系都能适时调整、变化，不断完善。PDCA 循环是历史经验的总结，具有普遍性，它体现不断完善、持续改进的理念。要素管理进入 PDCA 循环，才能有效建立其自我完善机制，才能有效推进持续改进，与时俱进。

质量管理体系经过试运行后，要进行审核，方可正式运行。正式运行后，质量管理体系还需要进行审核与评审，以便于持续改进。

3.3.2　质量管理体系的审核

质量管理体系的审核是指为获得质量管理体系的审核证据并对其进行客观的评价，以确定满足质量管理体系审核准则的程度所进行的、独立的并形成文件的过程。按照执行审核人员的不同，可分为内部审核和外部审核。

（1）内部审核　内部审核又称为第一方审核，是企业内部的质量保证活动。由企业内部审核人员（内审员）对预定的受审核部门质量管理体系及其各要素实施状况进行审核，以便发现问题，采取纠正措施，保证其质量管理体系有效运行。总之，内部审核是对质量管理体系的自我审核。

内部审核的主要目的有：确定受审核方质量管理体系或其一部分与审核准则的符合程度；验证质量管理体系是否持续满足规定目标的要求且保持有效运行；评价对国家有关法律法规及行业标准的符合性；作为一种重要的管理手段和自我改进机制，及时发现问题，采取纠正措施或预防措施，使体系不断改进；在外部审核前做好准备。

内部审核的主要内容包括：质量方针和质量目标是否可行；质量管理体系文件是否覆盖

本企业所有主要质量活动，各文件之间接口是否清楚；组织结构能否满足质量管理体系运行的需要，各部门、各岗位的质量职责是否明确；质量记录能否起到见证作用；日常工作中质量管理体系文件规定执行情况。

在试运行阶段，要对所有要素审核一遍，审核体系的符合性和适用性；而在正式运行阶段，审核的重点则在符合性上。

内部审核的工作流程如图 3.3 所示。为了保证审核的公正性和客观性，审核活动应该独立于组织的其他活动。审核人员与被审核区域无关，在审核过程中应不带偏见，没有利益冲突，保持客观的心态，以保证审核的结果建立在审核证据上，具有公正性、客观性。

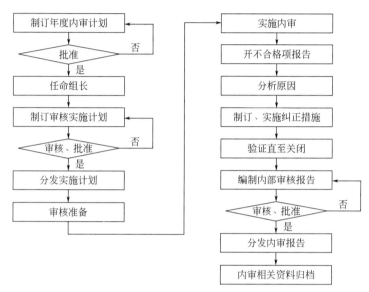

图 3.3　内部审核的工作流程

（2）外部审核　外部审核又分为第二方（顾客方）审核和第三方审核，一般由顾客方或第三方组织审核员对企业质量管理体系及其各有关要素实施状况进行审核。总之，外部审核是关于质量保证能力的审核。

外部审核的主要目的是：确定受审核方质量管理体系或其一部分与审核准则的符合程度；为受审核方提供质量改进的机会。针对第二方审核，其目的还有以下三个方面：其一是选择合适的合作伙伴，确保提供的产品符合规定要求；其二是证实合作方持续满足规定的要求；其三是促进合作方改进质量管理体系。针对第三方审核，还有以下目的：第一，确定现行的质量管理体系的有效性；第二，确定受审核方的质量管理体系能否被认证；第三，提高组织声誉、增强竞争能力。

外部审核的内容主要是质量管理体系审核或认证合同中规定的标准、质量管理体系文件等，以及企业是否按规定有效运行了质量管理体系。

外部审核的工作流程如图 3.4 所示。其控制要点为：①第二方的审核应在相关的合同中明确规定，第三方的审核应在认证合同中明确规定审核的时间、频次、范围，双方的责任及审核费用；②接受审核的质量管理体系文件所表述的质量管理体系应与审核合同中规定的质量管理体系相一致，并能满足顾客或第三方质量保证要求；③在首次审核会议中应建立双方的沟通关系，澄清审核计划中的一些未明确的内容；④企业应积极配合第三方进行现场审核，在进行座谈或面谈时，受审核方人员应认真、诚实地回答问题。

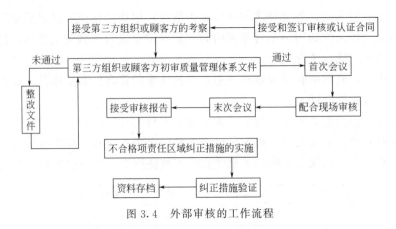

图 3.4 外部审核的工作流程

3.3.3 质量管理体系的管理评审

管理评审是企业的最高管理者关于质量管理体系现状及其对质量方针和质量目标的适宜性、充分性和有效性所做的正式评价。内部、外部审核结果可作为评审的依据之一。最高管理者应按规定的时间间隔开展质量管理体系的管理评审活动。在方式上可采用调查研究、分析情况后提出评审报告草案，再召开评审会议讨论的方法进行。

管理评审的主要目的是：①对现行质量管理体系能否适应质量方针和质量目标做出正式的评价；②对质量管理体系与组织的环境变化的适宜性做出评价；③调整质量管理体系结构，修改质量管理体系文件，使质量管理体系更加完整有效。

管理评审包括如下主要内容：①实现质量方针、目标的程度；②内审及纠正措施完成情况及有效性的评价，对薄弱环节的专门措施；③质量指标完成情况及趋势分析；④顾客意见和处理情况，主要问题分析和预防措施；⑤本组织机构和资源的适应性；⑥质量改进计划；⑦进一步改进、完善质量管理体系的意见。

管理评审的工作流程如图 3.5 所示。其主要控制要点如下：最高管理者应按规定的时间间隔组织管理评审；管理评审应按计划有步骤地实施；评审的输入与标准的要求和计划相一致；评审的范围应全面，提交报告的部门应有代表性；最高管理者提出的任何决定和要求清晰，输出符合要求；管理评审报告编制符合要求并得到最高管理者审批；管理评审报告应反映质量管理体系运行的有效性、符合性和充分性；管理评审的输出按计划组织实施和跟踪，最终使改进要求得到落实。

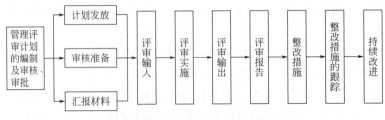

图 3.5 管理评审的工作流程

3.3.4 质量管理体系的持续改进

改进就是提高绩效的活动，而持续改进则是提高绩效的循环活动。持续改进的对象是质量管理体系。制定改进目标和寻求改进机会的过程是一个持续过程，该过程使用审核发现和审核结论、数据分析、管理评审或其他方法，其结果导致纠正措施或预防措施。企业质量管理体系建立并运行一段时间后可能会发现其中有不完善的地方，通过改进使之成为更加适合本企业的管理模式。

持续改进质量管理体系的目的是提高组织质量管理体系的有效性和效率，实现质量方针和质量目标，增加顾客和其他相关方满意的机会。企业要根据环境的变化调整企业的质量方针和质量目标，建立持续改进的机制。最高管理者应对持续改进做出承诺，全体员工要积极参与持续改进的活动。持续改进是质量管理体系评审的目的，更是维持质量管理体系生命力的保证。质量管理体系的持续改进是一个复杂的过程，关乎企业生产的各个环节，大体来说可分为内部改进与外部作用。

（1）质量管理体系的内部改进　首先，应加强过程的监控。根据管理过程的具体情况选择监控内容和环节。如对产品生产的监视和测量，应通过对原料的采购、生产环节的技术保障、质量检测、产品试用等方面的内容来监控。

其次，加强内部审核。认真挑选内审员和审核组长，加强审核人员思想道德素质教育，提高相关技术能力，加强内审员的培训，提高现场审核能力，使整个团队拥有较强的专业审核能力，以及对产品、对企业的责任心。

最后，加强产品质量的检测。完善相关检测机制，在出厂之前，对产品进行整体评估，保证整体质量，严格把关。

（2）质量管理体系的外部作用　一方面，质量管理体系能够完善客户反馈机制。加强客户关系管理，通过消费者获取产品质量信息和相关体验。以市场体验为导向，让消费者成为最重要的检验员，帮助企业寻找产品存在的问题，以实现产品质量的提高。据此，总结产品管理体系存在的漏洞，加以完善。

另一方面，质量管理体系能够加强对外交流。通过行业内信息的互通，与供应链上下端的反馈，进行关系营销，收集产品质量数据，并据此促进质量管理体系的修正。此外，质量管理体系能够向行业领先者看齐。基于基准化分析法、标杆瞄准法、定点赶超法等方法向行业内质量管理体系较为成功的企业学习，衡量与之差距，寻找症结所在，对症下药，针对特定环节或特定人员进行调整改进。

总之，持续改进是质量管理的精髓，是为了向本企业及其顾客提供增值效益，在整个企业范围内所采取的提高活动过程的效果和效率的措施，改进是一个持续的、永无止境的过程，戴明提出了 PDCA 循环的改进模式，朱兰将改进过程定义为螺旋式上升的过程，只有通过持续改进才能实现质量管理体系的运行持续有效。

3.4　企业质量管理体系的认证

质量管理体系认证又称管理体系注册，是从产品认证中分离并发展起来的，目前已经成为质量认证体系中的重要组成部分。

3.4.1　质量管理体系认证的含义

质量管理体系认证是证明企业的质量管理体系符合 ISO 9001：2015（GB/T 19001—

2016）标准，具有质量保证能力的活动。它必须经过独立的第三方认证机构的确认，并颁发质量管理体系认证证书或办理质量管理体系注册。

质量管理体系认证具有如下特征：

（1）认证的对象是供方的质量管理体系　质量管理体系认证的对象不是该企业的某一产品或服务，而是质量管理体系本身。当然，质量管理体系认证必然会涉及该体系覆盖的产品或服务，有的企业申请包括企业各类产品或服务在内的总的质量体系的认证，有的申请只包括某个或部分产品（或服务）的质量管理体系认证。尽管涉及产品的范围有大有小，而认证的对象都是供方的质量管理体系。

（2）认证的依据是质量保证标准　进行质量管理体系认证，往往是供方为了对外提供质量保证的需要，故认证依据是有关质量保证模式标准。为了使质量管理体系认证能与国际做法达到互认接轨，供方最好选用 ISO 9001 标准（或 GB/T 19001 标准）。

（3）认证的机构是第三方质量管理体系评价机构　要使供方质量管理体系认证能有公正性和可信性，认证必须由与被认证单位（供方）在经济上没有利害关系，行政上没有隶属关系的第三方机构来承担。而这个机构除必须拥有经验丰富、训练有素的人员，符合要求的资源和程序外，还必须以其优良的认证实践来赢得政府的支持和社会的信任，具有权威性和公正性。

（4）认证获准的标识是注册和发给证书　按规定程序申请认证的质量管理体系，当评定结果判为合格后，由认证机构对认证企业给予注册和发给证书，列入质量管理体系认证企业名录，并公开发布其名称、地址、法人代表及注册的质量管理体系标准。获准认证的企业，可在宣传品、展销会和其他促销活动中使用注册标志，但不得将该标志直接用于产品或其包装上，以免与产品认证相混淆。注册标志受法律保护，不得冒用与伪造。

企业获得质量管理体系认证，具有的好处体现在以下几个方面：①强化质量管理，提高企业效益；增强客户信心，扩大市场份额。②获得了国际贸易绿卡——"通行证"，消除了国际贸易壁垒。③节省了第二方审核的精力和费用。④在产品质量竞争中永远立于不败之地。⑤有利于国际间的经济合作和技术交流。⑥强化企业内部管理，稳定经营运作，减少因员工辞工造成的技术或质量波动。⑦提高企业形象。

3.4.2　质量管理体系认证的程序

质量管理体系认证一般要经过递交申请、签订合同、体系审核、颁发证书、监督等程序。其中，质量管理体系审核可以分为审核的确立（签订认证合同）、审核前准备、现场审核和审核后处理等阶段。具体认证的工作程序如图 3.6 所示。

（1）签订认证合同　由企业自愿向自主选定的质量管理体系认证机构提出要求质量管理体系审核的书面申请书。在填报申请表的同时，申请企业应附报本企业法人的证明与概况、质量管理体系主要文件及运行情况等附件材料。

经体系认证机构确认或双方商洽议定审核的依据、方式、范围、人员、时间、场所、费用等后，签订《质量管理体系认证合同》。

（2）审核前准备　审核前申请方要按合同规定做好文件资料、工作条件和人员配合等方面的准备。

认证机构在审核前应做好以下几个方面的准备工作：首先，初审申请单位的质量管理体

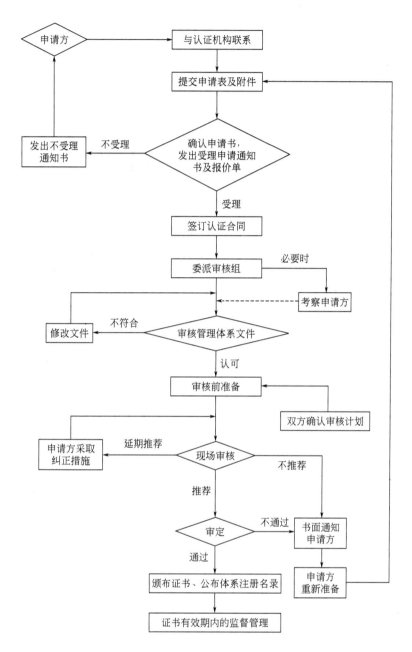

图 3.6 质量管理体系认证的工作程序

系文件，如不能充分满足规定要求，则不能进行现场审核；其次，组建审核组，任命审核组长，明确审核组成员的分工和任务；再次，审核组编制审核计划，明确审核目的和范围、时间，被审核部门或单位，审核的内容与要求等，同时做好审核工作文件和检查表、不合格项报告等资料的准备；最后，由审核组长召集审核预备会议，以进一步明确审核任务，统一理解审核计划、内容与要求。

（3）现场审核　审核组到申请单位进行现场审核，编制审核报告并提交给认证机构与申请单位。

（4）审核后处理　审核后，申请单位或企业应认真采取纠正措施，在限定时期内纠正不合格项，认证机构对其实施纠正措施的情况进行跟踪验证，必要时可对其进行复审。如确认申请企业质量管理体系已满足认证标准规定要求，则可办理注册手续并发给认证证书。

质量管理体系认证证书的有效期为3年，期间认证机构还要定期（每年1次）对获证企业进行监督性审核（证书有效期内的监督管理）。

3.5　卓越绩效管理模式

卓越绩效模式（performance excellence model）是当前国际上广泛认同的一种组织综合绩效管理的有效方法或工具。该模式源自美国鲍德里奇国家质量奖评审标准，以顾客为导向，追求卓越绩效管理理念。该评奖标准后来逐步风行世界发达国家与地区，成为一种卓越的管理模式，即卓越绩效模式。朱兰认为，卓越绩效模式的本质是对全面质量管理的标准化、规范化和具体化。

为了适应经济全球化的发展，中国于2004年发布了卓越绩效评价标准及实施指南，并于2012年进行了修订，新版《卓越绩效评价准则》（GB/T 19580—2012）和《卓越绩效评价准则实施指南》（GB/Z 19579—2012）在2012年8月1日开始实施，标志着我国质量管理进入一个新的发展阶段。卓越绩效评价准则是质量奖评价的依据，是国家质量奖励制度的技术文件。制定这套标准的目的有两个：一是用于国家质量奖的评价；二是用于组织的自我学习，引导组织追求卓越绩效，提高产品、服务和经营质量，增强竞争优势，并通过评定获奖组织、树立典范并分享成功的经验，鼓励和推动更多的企业（组织）使用这套标准。

3.5.1　卓越绩效管理模式的实质

卓越绩效管理模式由国家标准《卓越绩效评价准则》（GB/T 19580—2012）具体体现，其实质可以归纳为以下五个方面：强调"大质量"观、关注竞争力提升、提供先进的管理方法、聚焦于结果、是一个成熟度标准。

（1）强调"大质量"观　卓越绩效标准作为质量管理奖的评审标准，其中质量不仅限于产品质量，而且强调"大质量"的概念，由产品质量扩展到工作过程、体系的质量，进而扩展到企业的经营质量。产品质量追求的是满足顾客需求，赢得顾客和市场，而经营质量追求的是企业综合绩效和持续经营的能力。产品质量好，不等于经营质量一定好，但产品质量是经营质量的核心和底线。

（2）关注竞争力提升　实施卓越绩效标准的目的，在于提升企业和国家的竞争能力，因此其特别关注企业的比较优势和市场竞争力。一方面，企业在进行战略策划时，注重对市场和竞争对手的分析，以制定出超越竞争对手、能在市场竞争中取胜的战略目标和规划；另一方面，在评价绩效水平时，不仅要与自己原有水平和目标比，而且强调要与竞争对手比、与标杆水平比，在比较中识别自己的优势和改进空间，增强企业的竞争意识，提升竞争能力。

（3）提供先进的管理方法　卓越绩效标准不仅反映了现代经营管理的先进理念和实现卓越绩效的框架，而且提供了许多可操作的管理办法（比如提升企业领导力的办法、基于全面分析的战略而制定和展开的方法、水平对比法、顾客满意度与忠诚度测量法、平衡计分卡、员工权益和满意度测量等），将有助于提高企业管理的有效性和效率。

（4）聚焦于结果　卓越绩效标准强调结果导向，非常关注企业经营的绩效，"结果"一项在标准满分 1000 分中占到 400 分。

（5）是一个成熟度标准　卓越绩效标准不是一个符合性标准，而是一个成熟度标准。它不是规定了企业应达到的某一水平，而是引导企业持续改进，不断完善和趋于成熟，永无止境地追求卓越。我国获得国家质量奖的企业水平在 600 分左右，距满分 1000 分还有很大的改进空间。

卓越绩效标准与 ISO 9000 质量管理体系都是建立在全面质量管理的理论基础之上，都采用了 PDCA 循环基本原理，都体现了质量管理的七项原则，基本理念和思维方式一致，使用的方法（工具）相同。然而，两者之间也还存在着一些差异，体现在导向不同、驱动力不同、评价方式不同、关注点不同、目标不同、责任人不同和对组织的要求不同。

《卓越绩效评价准则》与 ISO 9000 质量管理体系比较，ISO 9000 质量管理体系属于"符合性评价"标准，它只是对一般过程进行"合格"评定，从"符合性"的角度入手并兼顾"有效性"，重在发现与规定要求的"偏差"，进而达到持续改进的目的。《卓越绩效评价准则》是企业管理体系是否卓越的"成熟度评价"标准，对企业的管理体系进行诊断式的评价，重视管理的"效率"与"效果"，识别发现企业或组织当前所处竞争环境面临的最迫切问题，指导企业采用正确的经营理念和方法，帮助企业（组织）不断追求卓越。ISO 9000 是卓越绩效管理模式的基础子集，它提供了基本方法，如持续改进、顾客满意方法等；而卓越绩效管理模式则超越了 ISO 9000 的范围，以更宏观、更系统的方法诊断企业的质量管理水平。

3.5.2　《卓越绩效评价准则》的评价内容

根据系统原理，按照过程方法，国家标准《卓越绩效评价准则》（GB/T 19580—2012）从领导，战略，顾客与市场，资源，过程管理，测量、分析与改进以及结果七个方面对评价要求做出了规定，其结构模式如图 3.7 所示。组织通过过程的运行获得结果，并基于结果的测量、分析，促进过程的改进和创新。

（1）领导　按卓越绩效模式的要求，高层领导需要确定企业的方向，即使命、愿景和价值观，组织双向沟通的活动，为企业营造一个包含诚信守法、改进、创新、快速反应和学习等的文化环境，履行确保产品的质量安全职责，制定与组织战略目标相一致的品牌发展规划，持续经营以实现基业长青，通过绩效管理最终实现愿景和战略目标。领导方面还包含进行组织治理和履行社会责任。

（2）战略　卓越绩效模式要求进行战略制定和战略部署，将战略和战略目标转

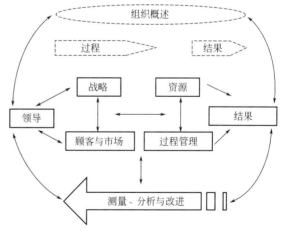

图 3.7　《卓越绩效评价准则》的结构模式

化为实施计划和关键绩效指标，并予以实施，针对关键绩效指标进行预测，同时对进展情况进行跟踪和验证，以提高企业的竞争地位、整体绩效，使企业在未来获得更大成功。

（3）顾客与市场　卓越绩效模式要求企业根据战略、竞争优势确定目标顾客群和细分市场，识别关键顾客的需求、期望和偏好，与顾客建立战略伙伴关系，满足并超越其期望，增强顾客满意度和忠诚度，从而提高市场占有率，促进组织在顾客与市场方面的持续经营能力，以推动组织追求卓越。

（4）资源　资源包括人力资源、财务资源、信息和知识资源、基础设施四个方面。应始终坚持以人为本的管理创新观念，并根据各职能的长期、短期实施计划，制订和实施长期、短期的人力资源计划；根据战略规划和发展方向确定资金需求，制定科学的财务管理制度，进行财务预算管理和财务风险评估，从而保证资金供给，实现财务资源的最优配置，提高资金的使用效率；要求企业识别和开发信息源，配备获取、传递、分析、发布数据和信息的设施，建立集成化的软硬件信息管理系统，建立有效的协商沟通机制，保证员工充分参与质量事务的协商与管理，保证内、外部信息得到及时、有效的交流，确保数据、信息和知识质量，从而持续适应战略发展的需要；根据组织自身和相关方的需求和期望，确定、配备所必需的基础设施，在设施的配备过程中注意到可能引起的环境和职业健康安全问题。

（5）过程管理　过程管理包括过程的识别与设计、过程的实施与改进等方面的工作。

（6）测量、分析与改进　组织应建立一个涵盖各层次以及所有部门、过程的关键绩效指标体系测量、分析和评价系统，首先进行绩效测量，然后基于测量结果进行绩效分析和评价，推动组织改进和创新。改进与创新是组织追求卓越、实现持续发展的动力。

（7）结果　卓越绩效模式要求组织的绩效评价应体现结果导向，关注关键的结果，主要包括产品（含服务）、顾客与市场、资源、过程有效性和领导等方面。这些结果能为组织关键的利益相关方——顾客、员工、股东、供应商、合作伙伴、公众及社会创造价值和平衡其相互间的利益，并为评价和改进产品和经营质量提供信息。通过为主要的利益相关方创造价值，培育忠诚的顾客，实现组织绩效的增长。

3.5.3　《卓越绩效评价准则》评分系统

卓越绩效模式的七个要求构成了一套评价准则评分系统，见表3.1。总分1000分，企业评价得分超过600分才算基本建立了卓越绩效管理模式。

表 3.1　《卓越绩效评价准则》评分表

类　目	条　目	分　值	要　点
领导		110	
	高层领导的作用	50	确定方向、双向沟通、营造环境、质量责任、持续经营和绩效管理
	组织治理	30	组织治理所需考虑的关键因素、对高层领导和治理机构成员的绩效评价
	社会责任	30	公共责任、道德行为、公益支持
战略		90	
	战略制定	40	战略制定过程、战略和战略目标
	战略部署	50	实施计划的制订与部署、绩效预测
顾客与市场		90	
	顾客和市场的了解	40	顾客和市场的细分、顾客需求和期望的了解
	顾客关系与顾客满意	50	顾客关系的建立、顾客满意和忠诚度的测量

类　目	条　目	分　值	要　点
资源		130	
	人力资源	60	工作的组织与管理、员工绩效管理、员工的学习和发展、员工权益与满意程度
	财务资源	15	财务资源
	信息和知识资源	20	信息和知识资源
	技术资源	15	技术资源
	基础设施	10	基础设施
	相关方关系	10	相关方关系
过程管理		100	
	过程的识别与设计	50	过程的识别、过程要求的确定、过程的设计
	过程的实施与改进	50	过程的实施、过程的改进
测量、分析与改进		80	
	测量、分析和评价	40	绩效测量、绩效分析和评价
	改进与创新	40	改进与创新的管理、改进与创新方法的应用
结果		400	
	产品和服务结果	80	产品和服务结果
	顾客与市场的结果	80	顾客方面的结果、市场结果
	财务结果	80	财务结果
	资源结果	60	组织资源方面的结果
	过程有效性结果	50	过程有效性结果
	领导方面的结果	50	领导方面的结果
总计分		1000	

卓越绩效评价是一种诊断式的评价，既包括对组织的优势和改进机会的定性评价部分，又包括总分为1000分的定量评价部分，以便全方位、平衡地诊断评价组织经营管理的成熟度。这两部分的评价相互关联，定性评价是定量评价的依据，而定量评价是定性评价的度量。除了初期自我评价可能会仅使用定性评价外，在大多数实际评价中两者是联合使用的。

复习题

3-1　ISO 对应的汉语和英语如何表达？

3-2　ISO 的宗旨是什么？ISO/TC 176 的主要工作是什么？

3-3　ISO 9000：2015 质量管理的原则有哪几项？

3-4　ISO 9000 质量管理体系有哪些特征？

3-5　企业质量管理体系的策划主要包括哪几个方面的工作？

3-6　简述质量管理体系文件的组成。

3-7　企业编写质量管理体系文件时应遵循哪些原则？

3-8　在质量管理体系试运行过程中，企业应重点抓好哪些工作？

3-9 质量管理体系内部审核的目的是什么？主要内容有哪些？

3-10 何谓管理评审？其主要目的是什么？

3-11 何谓改进和持续改进？持续改进质量管理体系的目的何在？

3-12 质量管理体系认证的含义和特征是什么？

3-13 国际标准化组织是一个全球性的政府组织，其成员分为正式成员（P成员）和观察员（O成员）两类，其主要任务是制定国际标准、协调世界范围内的标准化工作。（正确画√，错误画×）

3-14 各个国家根据自己的具体情况，在采用国际标准时可以等同采用、等效采用、不等效采用。而中国GB/T 19000族标准等效采用了ISO 9000族质量管理体系标准。（正确画√，错误画×）

3-15 质量管理的七项原则不仅是ISO 9000族质量管理体系标准的理论基础，而且是企业的领导者进行质量管理活动的基本准则。（正确画√，错误画×）

3-16 组织只有赢得、保持顾客和其他相关方的信任才能获得持续成功。（正确画√，错误画×）

3-17 质量管理体系的特征体现在符合性、系统性、全面有效性、预防性和动态性等五个方面。（正确画√，错误画×）

3-18 企业的质量方针是总的质量宗旨和方向，不可以测量评价；而质量目标是质量方针的具体化，是可以测量评价和能够达到的指标。（正确画√，错误画×）

3-19 质量管理体系文件应分级审批，并正式发布。（正确画√，错误画×）

3-20 质量管理体系外部审核，可分为第二方审核和第三方审核。其中第二方审核是由顾客方或者需方对企业的质量管理体系及其各有关要素实施状况进行审核，也就是对企业质量保证能力的审核。（正确画√，错误画×）

3-21 企业的党委书记应按规定的时间间隔组织管理评审。（正确画√，错误画×）

3-22 质量管理体系认证是第三方机构证明企业的质量管理体系符合标准要求，具有质量保证能力的活动。（正确画√，错误画×）

3-23 卓越绩效管理模式强调"大质量"观，质量不再局限于产品质量，而是扩展到工作过程、体系的质量以及企业的经营质量。（正确画√，错误画×）

3-24 卓越绩效评价准则中的资源，包括人力资源、财务资源、信息和知识资源以及基础设施等四个方面。（正确画√，错误画×）

3-25 ISO 9000族标准中，领导的作用是为本企业建立统一的宗旨及方向，并创造全员积极参与实现企业的（　　）的条件。

  A.质量方针   B.质量目标   C.质量手册   D.质量改进

3-26 对于ISO 9000：2015标准，我国采用的方式是（　　），重新编号为GB/T 19000—2016。

  A.等同采用   B.等效采用   C.参照执行   D.参考执行

3-27 GB/T 19000—2016标准中提出质量管理七项原则，其中首要的原则是（　　）。

  A.以顾客为关注焦点   B.领导作用

  C.过程方法   D.全员积极参与

3-28 中国质量管理体系认证的依据是（　　）。

  A.GB/T 19000 B.GB/T 19001 C.GB/T 19004 D.GB/T 19011

3-29　质量管理体系认证合格后，其注册标志可用于（　　）。

A. 具体产品　　　　B. 各种服务　　　　C. 产品包装　　　　D. 宣传品

3-30　质量管理体系认证书的有效期为（　　）。

A. 1 年　　　　B. 2 年　　　　C. 3 年　　　　D. 4 年

3-31　卓越绩效模式要求组织的绩效评价应体现结果导向，关注关键的结果。分七个类目定量评分，总分 1000 分，其中"结果"类目就占（　　）分。

A. 100　　　　B. 110　　　　C. 130　　　　D. 400

3-32　质量管理体系中使用的文件主要有（　　）❶。

A. 施工组织设计　　B. 质量手册　　　C. 规范、指南

D. 程序文件　　　　E. 作业文件、记录

3-33　质量管理体系审核分为内部审核和外部审核，要求审核人员与被审核的区域无关并具有（　　）。

A. 科学性　　　　B. 公平性　　　　C. 独立性

D. 公正性　　　　E. 公开性

3-34　认证机构与申请单位签订认证合同后，对申请单位的质量管理体系审核的基本环节是（　　）。

A. 认证申请审查　　B. 认证申请批准　　C. 文件审核

D. 现场审核　　　　E. 提出审核报告

3-35　卓越绩效管理模式由卓越绩效评价准则具体体现，其实质可以归纳为：强调"大质量"观，以及（　　）。

A. 关注竞争力提升　　B. 聚焦于结果　　　C. 提供了先进的管理方法

D. 是一个符合性标准　　E. 是一个成熟度标准

---

❶ 具有 4 个备选答案的是单项选择题；而有 5 个备选答案者为多项选择题，可能有 2～4 个正确答案。

第4章 工程勘察设计和施工质量管理

当完成某项工程的可行性研究和决策后，接下来的工作就是关于该工程的勘察、设计和建造（施工）。工程建设的程序是先勘察、后设计、再施工，国家政策层面严禁"三边"工程——边勘察、边设计、边施工，无施工图不许施工，无勘察资料（报告）不许设计。

工程勘察、设计和施工质量管理是工程建设质量管理的中心工作，可采用三阶段控制法、"三全"控制法和四阶段管理法等方法。三阶段控制法就是对质量进行事前控制（事前进行计划预控）、事中控制（事中进行自控和监控）和事后控制（事后进行偏差纠正）；"三全"控制法就是实行全面质量控制、全过程质量控制和全员积极参与控制；四阶段管理法就是 PDCA 循环管理法。

4.1 工程勘察质量管理

根据勘察对象的不同，可分为水利水电工程（主要指水电站、水工构造物）、铁路工程、公路工程、港口码头、大型桥梁、工业建筑和民用建筑等。因为水利水电工程、铁路工程、公路工程、港口码头等工程一般比较重大，造价及重要性高，所以国家分别对这些类别的工程勘察进行了专门的分类，编制了相应的勘察规范、规程和技术标准等，通常将这些工程的勘察称为工程地质勘察；而将以工业建筑、民用建筑工程为主的勘察，称为岩土工程勘察。岩土工程勘察对象主体主要包括房屋楼宇、工业厂房、学校楼舍、医院建筑、市政工程、管线及架空线路、岸边工程、边坡工程、基坑工程、地基处理等。

4.1.1 岩土工程勘察阶段和勘察方法

所谓岩土工程勘察，就是根据工程的要求，查明、分析、评价场地的地质、地理环境特征和岩土工程条件，然后编制勘察文件的一系列活动，为项目选址决策、地基基础设计和施工提供基本资料，并提出地基基础设计方案建议。因此，勘察质量将影响设计质量和施工质量，从而影响工程实体的质量。

岩土工程勘察是分阶段进行的。根据工程项目推进的先后，可分为可行性研究勘察（选址勘察）、初步勘察（初勘）、详细勘察（详勘）和施工勘察四个阶段。可行性研究勘察应符合选址方案的要求，初步勘察应符合初步设计的要求，详细勘察应符合施工图设计的要求。当场地条件复杂或是有特殊要求的工程，宜进行施工勘察。当建筑物平面布置已经确定，且场地或附近已有岩土工程资料时，可根据实际情况，直接进行详细勘察。不同勘察阶段，勘察内容的侧重点和要求不相同。

建筑物包括房屋建筑和构筑物，其岩土工程勘察应在收集建筑物上部荷载、功能特点、结构类型、基础形式、埋置深度和变形限制等方面资料的基础上进行。其主要工作内容为：

①查明场地和地基稳定性、地层结构、持力层和下卧层的工程特性、土的应力历史和地下水条件以及不良地质作用等；②提供满足设计、施工所需的岩土参数，确定地基承载力，预测地基变形性状；③提出地基基础、基坑支护、工程降水和地基处理设计与施工方案的建议；④提出对建筑物有影响的不良地质作用的防治方案建议；⑤对抗震设防烈度等于或大于 6 度的场地，进行场地与地基的地震效应评价。

岩土工程勘察的方法或技术手段，主要有工程地质测绘与调查、勘探与取样、原位测试与室内试验等。

（1）工程地质测绘与调查　工程地质测绘就是在地形图上布置一定数量的观察点和观测线，以便按点和线进行观测和描绘；工程地质调查则是走访现场及其周边，了解、收集相关资料。对地质条件简单的场地，可用调查代替工程地质测绘。测绘和调查的目的是通过对场地的地形地貌、地层岩性、地质构造、地下水、地表水、不良地质现象进行调查研究和测绘，为评价场地工程地质条件及合理确定勘探工作提供依据。而对建筑场地稳定性研究，则是工程地质调查和测绘的重点。

工程地质测绘与调查，宜在可行性研究勘察或初步勘察阶段进行，在详细勘察阶段可对某些专门地质问题做补充调查。测绘和调查的范围，应包括场地及其附近地段。

（2）勘探与取样　勘探可以查明岩土的性质和分布，采取岩土试样，进行原位测试。常用的勘探方法有坑探、钻探和触探三种。地球物理勘探（物探）只在弄清某些地质问题时才采用。

坑探的"坑"包括井、槽、洞，所以坑探包括井探、槽探和洞探，就是人工开挖的探坑（探井、探槽、探洞），如图 4.1 所示。通过探坑的开挖，可以绘制出地质剖面图、展示图或拍摄剖面照片；同时，还可以方便地取得原状土样，供实验室测试，也可以在设定的部位进行原位试验。探坑的平面形状一般采用矩形或圆形，其深度视地层的土质和地下水的埋藏条件而定。探坑深度不宜超过地下水位，较深的探坑需进行坑壁支护。在坝址、地下工程、大型边坡等勘察中，当需要详细查明深部岩层性质、构造特征时，可采用竖井或平洞。

图 4.1　人工开挖的探坑

钻探是用钻机在土层钻孔（图 4.2），以鉴别和划分土层，并用取土器采取土样，也可直接在孔内进行某些原位测试。钻探是岩土工程勘察的基本手段，其成果是进行工程地质评价和岩土工程设计、施工的基础资料。钻机主要有冲击式和回旋式两种。冲击式钻机利用卷扬机钢丝绳带动钻具，再利用钻具的重力上下反复冲击，使钻头冲击孔底，破碎地层形成钻孔，在成孔过程中，它只能取出岩石碎块或扰动土样；回旋式钻机则是利用钻机的回转器带动钻具旋转，磨削孔底的地层而钻进，这种钻机通常使用管状钻具，能取柱状岩样或土样。

钻孔的布置应符合《岩土工程勘察规范》（GB 50021—2001，2009 年版）的要求，钻孔记录应符合下列要求：①野外记录应由经过专业训练的人员承担，记录应真实及时，按钻进回次逐段填写，严禁事后追记；②钻探现场可采用肉眼鉴别和手触方法，有条件或勘察工作有明确要求时，可采用微型贯入仪等定量化、标准化的方法；③钻探成果可用钻孔野外柱状图或分层记录表示，岩土芯样可根据工程要求保存一定期限或长期保存，或拍摄岩芯、土芯彩照纳入勘察成果资料。

(a)　　　　　　　　　　　　　　　(b)

图 4.2　钻探并采取土样

触探是用静力或动力将金属探头贯入土层，根据土对触探头的贯入阻力或锤击数，间接判断土层及其性质的一种方法。触探是一种勘探方法，又是一种原位测试技术。作为勘探方法，触探可用于划分土层，了解地层的均匀性；作为测试技术，则可估计土的某些特性指标或估计地基承载力。触探根据贯入方式的不同，可分为静力触探和动力触探两种方法。其中标准贯入试验是动力触探的一种（图 4.3），试验时在钻孔底安放贯入器和探杆锤击系统，将质量为 63.5kg 的穿心锤以 76cm 的落距自由下落，首先将贯入器打入土层中 15cm，然后开始记录打入土层 30cm 的锤击数 N。标准贯入试验成果 N 可直接标在工程地质剖面图上，也可绘制单孔标准贯入锤击数 N 与深度的关系曲线或直方图。依据 N 值，可对砂土、粉土、黏性土的物理状态、土的强度、变形参数、地基承载力、单桩承载力、砂土和粉土的液化、成桩的可能性等做出评价。

(a)　　　　　　　　　　　　　　(b)

图 4.3　标准贯入试验

（3）原位测试　测试工作是岩土工程勘察工作的重要组成部分。通过原位测试和室内试验，可以取得岩土的物理力学性质和地下水的水质等方面的定量指标，以供工程设计、施工时使用。

所谓原位测试，就是在岩土体所处的位置，基本保持岩土原来的结构、湿度和应力状态，对岩土体进行的测试。原位测试包括地基土的静载荷试验（浅层平板载荷试验、深层平板载荷试验）、触探试验、十字板剪切试验、岩土现场剪切试验、动力参数或剪切波速测定、桩的静载荷试验、动载荷试验等。有时，还要进行地下水位变化的观测和抽水试验。一般来说，原位测试可在现场条件下直接测定土的性质，避免土试样在取样、运输以及室内准备试验过程中被扰动，因而其试验成果较为可靠。

（4）室内试验　岩土性质的室内试验应按现行国家标准《土工试验方法标准》(GB/T 50123) 和《工程岩体试验方法标准》(GB/T 50266) 的规定进行。岩土性质通常包括物理性质、渗透系数、力学性质、腐蚀性等的参数，根据工程需要而确定。

各类工程均应测定下列土的分类指标和物理性质指标。对砂土，试验项目为颗粒级配、比重或相对密度、天然含水量、天然密度、最大和最小密度；对粉土试样，试验项目为颗粒级配、液限、塑限、比重或相对密度、天然含水量、天然密度和有机质含量；对黏性土，试验项目为液限、塑限、比重或相对密度、天然含水量、天然密度和有机质含量。若目测鉴定不含有机质时，可不进行有机质试验。

当进行渗流分析、基坑降水设计等要求提供土的透水性参数时，可进行渗透性试验。常水头试验适用于砂土和碎石土；变水头试验适用于粉土和黏性土；透水性很低的软土可通过固结试验测定固结系数、体积压缩系数、渗透系数。土的渗透系数取值应与野外抽水试验或注水试验的成果比较后确定。

土的力学试验包括侧限压缩试验、无侧限抗压强度试验、直接剪切试验、三轴剪切试验等，测定土的强度指标和侧限压缩模量；对岩石，一般可做室内饱和单轴抗压强度试验，如有需要也可做三轴压缩、直接剪切以及抗拉强度试验。

混凝土结构或钢结构处于地下水位以下时，应采取地下水位以下的水试样和地下水位以上的土试样，分别做腐蚀性试验；结构处于地下水位以上时，应采取土试样做腐蚀性试验。腐蚀性试验的项目，一般有 pH 值、Ca^{2+}、Mg^{2+}、Cl^-、SO_4^{2-}、HCO_3^-、CO_3^{2-}、侵蚀性 CO_2、游离 CO_2、NH_4^+、OH^-、总矿化度、氧化还原电位、极化曲线、电阻率、扰动土质量损失。

4.1.2　工程勘察质量管理依据

工程勘察的工作程序大致可分为如下几步：第一步，接受勘察任务、签订勘察合同；第二步，根据甲方（建设方）要求，编制勘察实施方案或勘察工作计划；第三步，实施勘察（现场作业，室内试验）；第四步，汇总勘察成果，编写勘察报告。工程勘察质量管理（质量控制）的依据主要有：

（1）有关工程建设及质量管理方面的法律、法规，城市规划，国家规定的建设工程勘察要求。铁路、交通、水利等专业工程还应当依据专业规划的要求。主要的法律法规如下：《中华人民共和国建筑法》《建设工程质量管理条例》《建设工程勘察设计管理条例》和《建设工程勘察质量管理办法》。

（2）有关工程建设的技术标准，如勘察的工程建设强制性标准规范及规程、设计参数、定额、指标等，例如《岩土工程勘察规范》(GB 50021—2001，2009 年版)、《工程建设勘察企业质量管理标准》(GB/T 50379—2018)。

（3）项目批准文件，如项目可行性研究报告、项目评估报告等。

（4）体现建设单位建设意图的勘察大纲、纲要和合同文件。

（5）反映项目建设过程中和建成后所需要的有关技术、资源、经济、社会协作等方面的协议、数据和资料。

4.1.3　工程勘察质量管理要点

工程勘察是工程建设的基础，其质量的优劣，将直接影响后续建设环节的顺利进行，直接关系到建筑工程质量、投资效益和使用安全。切实保证工程勘察质量，是提高建筑工程质量水平的重要保障。随着我国各类工程建设持续快速发展，特别是一批投资规模大、结构体系和地质条件复杂的大型工程相继投入建设，工程勘察质量责任更加重大。从行政管理角度出发，工程勘察质量管理要点如下。

（1）加强工程勘察市场管理　工程勘察企业必须在资质证书规定的资质等级和业务范围内承接业务，不得允许其他单位或个人以本单位的名义承揽业务，不得转包和违法分包业务。建设单位不得将工程勘察项目委托给个人和不具备相应资质的单位。建设主管部门要采取有效措施，严厉查处挂靠、转包、违法分包以及无资质、超越资质承揽业务等违法违规行为，整顿市场秩序，净化市场环境。要逐步完善招投标管理制度，强化技术方案的主导作用，坚决制止擅自压缩勘察周期、片面追求低价中标等不良倾向。要加快诚信体系建设，强化诚信评估和不良记录管理，定期将违规企业和个人的不良记录向社会公示。

建设单位编制好工程勘察任务书以后，可选择勘察单位。应重点考察勘察企业的资质条件、质量管理体系（认证情况）、技术管理制度、专职技术人员队伍、企业业绩和服务意识等情况。

（2）全面落实工程勘察有关各方质量责任　建设单位要为勘察提供必要的现场工作条件，保证合理的勘察周期，提供真实、可靠的勘察依据和相关资料，同时要充分利用城建档案资料。要严格执行国家收费标准，不得迫使勘察企业以低于成本价承揽任务。不得明示或暗示勘察企业违反工程建设强制性标准。

勘察企业要严格按照有关法律、法规和技术标准开展勘察工作，并对勘察质量全面负责。要按照《工程建设勘察企业质量管理标准》的要求，建立健全内部质量管理体系和质量责任制度，强化现场作业质量和试验工作管理，保证原始记录和试验数据的可靠性、真实性和完整性，严禁离开现场进行追记、补记和修改记录。要对复杂场地条件和可能给工程造成危险的环境条件，做出必要说明。勘察文件须符合国家关于城建档案管理的要求。

施工图审查机构要对勘察文件中涉及工程建设强制性标准的内容严格把关，必要时可对现场作业原始记录和测试、试验记录等进行核查。审查不合格的勘察文件要及时退还建设单位并书面说明不合格原因，发现有关违反法律、法规和工程建设强制性标准的问题，应报建设主管部门。

工程设计、施工、监理企业发现勘察文件不符合工程建设强制性标准，存在质量安全问题和隐患的，要及时报告建设单位和有关部门。

（3）建立健全工程勘察从业人员执业、上岗制度　国家实施注册土木工程师（岩土）执业制度，全面推进岩土工程师队伍建设，切实落实个人质量责任。工程勘察项目负责人、审核人、审定人及有关技术人员应具有注册土木工程师（岩土）资格或相应技术职称。项目负责人要组织做好勘察现场作业工作并加强管理，必须对勘察过程中各项作业资料包括现场原始记录进行验收和签字，并对项目的勘察文件负主要质量责任。

工程勘察企业应加强职工技术培训和执业道德教育，提高勘察人员的质量责任意识。观测员、试验员、记录员、机长等现场作业人员应当接受专业培训，方可上岗。

（4）强化工程勘察质量监督执法工作　各地建设主管部门要切实加强工程勘察质量监管，特别是对政府投资、建设场地条件复杂、技术要求高的工程，要加大监督检查力度、深度和频次。要加强对勘察企业质量管理程序的实施、人员资格、装备能力等情况的检查。要持续开展勘察质量专项治理工作，重点检查钻孔数量、深度等现场作业不符合规范要求和勘察方案，以及编造虚假数据等问题，注重根据施工中反映出的实际地质情况核查勘察成果质量。对于未按工程建设强制性标准和勘察方案进行勘察、弄虚作假等行为，要依法严肃处罚，情节严重的，吊销资质证书并及时向社会公布。

工程勘察企业除建立质量管理体系并使其正常运行外，对于接受的工程勘察项目而言，主要从编制勘察纲要、勘察作业、勘察文件以及后期服务等方面进行质量管理，体现事前、事中和事后质量管理。

（1）勘察纲要　勘察单位在实施勘察工作之前，应结合各勘察阶段的工作内容和深度要求，按照有关规范、标准的规定，结合工程的特点编制勘察纲要或勘察工作方案。勘察纲要应体现规划、设计意图，如实反映现场的地形和地质状况，满足合同要求。勘察纲要应当内容全面，勘探点（线）布置合理，深度符合要求，勘察方法正确，技术措施切实可行；勘察目的明确，工作重点突出，能采用新技术、新方法解决关键技术问题；对可能发生的异常现象提出相应的处理方案。

（2）勘察作业　现场作业人员上岗前先进行专业培训，重点岗位持证上岗并严格按照勘察纲要和有关操作规程的要求开展现场工作；原始资料取得的方法、手段及使用的仪器设备应当正确、合理，勘察仪器、设备、实验室有明确的管理程序，现场使用仪器、设备应通过计量检定；原始记录表格按要求认真填写清楚并经有关作业人员检查、签字；项目负责人应始终在作业现场进行指导、督促检查。

（3）勘察文件　当完成野外勘察工作和室内试验以后，由直接和间接得到的各种岩土资料，经分析整理、检查校对、归纳总结，便可形成由文字和图表组成的勘察文件。工程勘察文件由工程勘察报告、成果附件和专题报告等组成，应资料完整、真实准确、数据无误、图表清晰、结论有据、建议合理、便于使用和适宜长期保存，并应因地制宜，重点突出，有明确的工程针对性。

① 工程勘察报告。勘察单位应根据建设单位的任务要求、勘察阶段、工程特点和地质条件等具体情况编写工程勘察报告，并应包括下列内容：勘察目的、任务要求和技术标准；拟建工程概况；勘察方法和勘察工作布置；场地地形、地貌、地层、地质构造、岩土性质及其均匀性；各项岩土性质指标，岩土的强度参数、变形参数、地基承载力的建议值；地下水埋藏情况、类型、水位及其变化；土和水对建筑材料的腐蚀性；可能影响工程稳定的不良地质作用的描述和对工程危害程度的评价；场地稳定性和适宜性评价。除此之外，还应对岩土利用、整治和改造的方案进行分析论证，提出建议；对工程施工和使用期间可能发生的岩土工程问题进行预测，提出监控和预防措施的建议。对岩土的利用、整治和改造的建议，宜进行不同方案的技术经济论证，并提出对设计、施工和现场监测要求的建议。

② 成果附件。勘察报告应附下列图件：勘探点平面布置图；工程地质柱状图；工程地质剖面图；原位测试成果图表；室内试验成果图表。当需要时，尚可附综合工程地质图，综

合地质柱状图，地下水位等水位线，素描，照片，综合分析图表以及岩土利用、整治和改造方案的有关图表，岩土工程计算简图及计算成果图表等。

③ 专题报告。任务需要时，可提交下列专题报告：岩土工程测试报告；岩土工程检验或监测报告；岩土工程事故调查与分析报告；岩土利用、整治或改造方案报告；专门岩土工程问题的技术咨询报告。

勘察文件必须严格按照质量管理的有关程序进行检查和验收，质量合格方能供设计单位、施工企业使用。

（4）后期服务　勘察文件交付给建设单位以后，勘察企业还要与设计单位、施工企业配合，做好工程的后期服务工作。根据工程建设的进展情况，勘察单位要做好施工阶段的勘察配合及验收工作，对施工过程中出现的地质问题进行跟踪服务，做好监测、回访。及时参加验槽、基础工程验收和工程竣工验收，参与地基基础有关的工程事故处理工作，以保证工程建设的总体目标得以实现。

4.2　工程设计质量管理

工程设计是指根据建设单位的要求，对建设工程所需的技术、经济、资源、环境等条件进行综合分析、论证，编制工程设计文件的活动。工程设计一般分为方案设计、初步设计和施工图设计三个阶段。工程设计质量管理是对设计活动的全过程进行管理，在设计环节上满足对工程项目质量、进度和投资控制的需要，使设计成果（设计文件）满足建设单位的要求。

4.2.1　工程设计质量管理的依据

工程设计质量管理有两层意思：首先，应满足建设单位（或业主、甲方）所需的功能和使用价值，符合其投资的意图，而建设单位所需的功能和使用价值，又必然受到经济、资源、技术和环境等因素的制约，从而使工程项目的质量目标与水平受到限制；其次，设计都必须遵守有关城市规划、环境保护、防灾减灾以及安全等一系列的技术标准、规范、规程，这是保证设计质量的基础。工程设计质量的概念，就是在严格遵守技术标准、法律法规的基础上，正确处理和协调经济、资源、技术和环境条件的制约，使设计的工程项目能更好地满足业主所需要的功能和使用价值，能充分发挥工程项目投资的经济效益。

工程设计质量管控的依据类似于工程勘察质量管理依据，主要有如下五个方面：

（1）有关工程建设及质量管理方面的法律、法规，城市规划，国家规定的建设工程设计深度要求。铁路、交通、水利等专业建设工程，还应当依据专业规划的要求。

（2）有关工程建设的技术标准，如设计的工程建设强制性标准规范及规程、设计参数、定额、指标等。

（3）项目批准文件，如项目可行性研究报告、项目评估报告及选址报告。

（4）体现建设单位建设意图的设计大纲（设计纲要或设计任务书）和合同文件。

（5）反映项目建设过程中和建成后所需要的有关技术、资源、经济、社会协作等方面的协议、数据和资料。

4.2.2　建筑工程设计文件编制深度

根据住建部组织编制的《建筑工程设计文件编制深度规定（2016 版）》，建筑工程设计一般分为方案设计、初步设计和施工图设计三个阶段，各阶段设计文件编制深度要求不同。

（1）方案设计文件　方案设计文件应满足编制初步设计文件的需要，应满足方案审批或报批的需要。以下要求仅适用于报批方案设计文件编制深度，对于投标方案设计文件的编制深度，应执行住房和城乡建设部颁发的相关规定。

① 设计说明书。方案设计说明书包括各专业设计说明以及投资估算等内容；对于涉及建筑节能、环保、绿色建筑、人防等设计的专业，其设计说明应有相应的专门内容。设计说明书通常由以下说明构成：设计依据、设计要求及主要技术经济指标；总平面设计说明；建筑设计说明；结构设计说明；建筑电气设计说明；给水排水设计说明；供暖通风与空气调节设计说明；热能动力设计说明。而投资估算文件一般由编制说明、总投资估算表、单项工程综合估算表、主要技术经济指标等内容组成。

② 设计图纸。方案设计图纸应包含总平面图、建筑设计图以及热能动力设计图（当项目为城市区域供热或区域燃气调压站时提供）。

③ 设计委托或设计合同中规定的透视图、鸟瞰图、模型等。

（2）初步设计文件　初步设计文件应满足编制施工图设计文件的需要，还应满足初步设计审批的需要。

① 设计说明书。初步设计说明书包括设计总说明、各专业设计说明。对于涉及建筑节能、环保、绿色建筑、人防、装配式建筑等，其设计说明应有相应的专项内容。说明书内容包含工程设计依据、工程建设的规模和设计范围、总指标、设计要点综述、提请在设计审批时需解决或确定的主要问题。

② 初步设计阶段有关专业的设计图纸。

总平面：总平面专业的设计文件应包括设计说明书、设计图纸；

建筑：建筑专业设计文件应包括设计说明书和设计图纸；

结构：结构专业设计文件应有设计说明书、结构布置图和计算书；

建筑电气：建筑电气专业设计文件应包括设计说明书、设计图纸、主要电气设备；

给水排水：建筑工程给水排水专业设计文件应包括设计说明书、设计图纸、设备及主要材料表、计算书；

供暖通风与空气调节：供暖通风与空气调节设计文件应有设计说明书，除小型、简单工程外，初步设计文件还应包括设计图纸、设备表及计算书；

热能动力：初步设计应有设计说明书，除小型、简单工程外，初步设计还应包括设计图纸、主要设备表、计算书。

③ 主要设备或材料表。

④ 工程概算书。建设项目设计概算是初步设计文件的重要组成部分。概算文件应单独成册。设计概算文件由封面、签署页（扉页）、目录、编制说明、建设项目总概算表、工程建设其他费用表、单项工程综合概算表、单位工程概算书等内容组成。

⑤ 有关专业计算书（计算书不属于必须交付的设计文件，但应按相关条款的要求编制）。

（3）施工图设计文件　施工图设计文件应满足设备、工程材料采购、非标准设备制作和施工的需要。对于将项目分别发包给几个设计单位或实施设计分包的情况，设计文件相互关联处的深度应满足各承包或分包单位设计的需要。

① 合同要求所涉及的所有专业的设计图纸（含图纸目录、说明和必要的设备、材料表）以及图纸总封面；对于涉及建筑节能设计的专业，其设计说明应有建筑节能设计的专项内容；涉及装配式建筑设计的专业，其设计说明及图纸应有装配式建筑专项设计内容。

总平面：在施工图设计阶段，总平面专业设计文件应包括图纸目录、设计说明、设计图纸、计算书。

建筑：在施工图设计阶段，建筑专业设计文件应包括图纸目录、设计说明、设计图纸、计算书。

结构：在施工图设计阶段，结构专业设计文件应包含图纸目录、设计说明、设计图纸、计算书。

建筑电气：在施工图设计阶段，建筑电气专业设计文件应包括图纸目录、设计说明、设计图纸、主要设备表、计算书。

给水排水：在施工图设计阶段，建筑给水排水专业设计文件应包括图纸目录、施工图设计说明、设计图纸、设备及主要材料表、计算书。

供暖通风与空气调节：在施工图设计阶段，供暖通风与空气调节专业设计文件应包括图纸目录、设计与施工说明、设备表、设计图纸、计算书。

热能动力：在施工图设计阶段，热能动力专业设计文件应包括图纸目录、设计说明和施工说明、设备及主要材料表、设计图纸、计算书。

② 合同要求的工程预算书。对于方案设计后直接进入施工图设计的项目，若合同未要求编制工程预算书，施工图设计文件应包括工程概算书。施工图预算文件包括封面、签署页（扉页）、目录、编制说明、建设项目总预算表、单项工程综合预算表、单位工程预算书。

③ 各专业计算书。计算书不属于必须交付的设计文件，但应按相应要求编制并归档保存。

4.2.3 工程设计质量管理要点

为了保证工程设计质量，建设单位可以聘请工程监理公司或工程咨询公司等服务机构作为代表，参与工程设计质量管理。工程设计质量管理可概括为如下几点：选择设计单位、编写设计纲要、签订设计合同、分阶段评审设计文件、施工图审查、设计交底与图纸会审、设计变更的管理等。

（1）选择设计单位　设计单位可以通过招投标、设计方案竞赛、建设单位直接委托等方式选择。设计单位的资质等级应能承接本工程的设计，建立了内部质量管理体系，从事过类似工程的设计，具有良好的社会信誉和不错的口碑。同时，还应对设计单位所选派的主要设计人员的业务能力、技术水平和取得的业绩等进行考察。

设计质量将直接影响工程实体的质量，因此应选择最能满足工程项目需要的设计单位。

（2）编写设计纲要　设计纲要（或设计任务书）是设计依据之一，是建设单位意图的体现。设计纲要本应由建设单位负责起草，实际做法也可以先由设计单位写一个初稿，然后经建设单位修改定稿，作为正式的设计纲要或设计任务书。编写设计纲要的过程，是各方就工程项目的功能、标准、区域划分、特殊要求等涉及项目的具体事宜不断沟通和深化交流，最终达成一致并形成文字资料的过程，这对于建设单位意图的把握非常重要，可以互相启发，互相提醒，使设计工作少走弯路。

对建筑工程而言，设计纲要的主要内容应包括下列各项：编制依据，技术经济指标，城市规划要求，建筑风格及造型，使用空间设计方面的要求，平面布局要求，建筑剖面要求，室内装饰要求，结构设计要求，设备设计要求，消防设计要求。

（3）签订设计合同　工程设计质量目标主要通过设计描述和设计合同反映出来，设计描述和设计合同综合起来，确立设计的内容、深度、依据和质量标准，设计质量目标要尽量避免出现语义模糊和矛盾。设计合同应重点写明设计进度要求、主要设计人员、优化设计要求、限额设计要求、施工现场配合等内容。

设计合同包括设计总合同和单独委托的专业设计合同两种。设计合同可以一次签订，也可分设计阶段分别签订。

（4）分阶段评审设计文件　由建设单位组织有关专家或机构进行工程设计评审，其目的是控制设计成果质量，优化工程设计，提高效益。设计评审包括方案设计评审、初步设计评审和施工图设计评审各阶段的内容。

① 方案设计评审。总体方案重点审核设计依据、设计规模、产品方案、工艺流程、项目组成及布局、设备配套、占地面积、建筑面积、建筑造型、协作条件、环保设施、防震防灾、建设期限、投资估算等的可靠性、合理性、经济性、先进性和协调性；专业设计方案重点审核设计参数、设计标准、设备选型和结构造型、功能和使用价值等。要结合投资估算资料进行技术经济比较和多方案论证，确保工程质量、投资和进度目标的实现。

② 初步设计评审。依据建设单位提出的设计纲要，逐条对照审核设计是否均已满足要求。审核设计项目的完整性，项目是否齐全、有无遗漏项；设计基础资料可靠性以及设计标准、装备标准是否符合预定要求；重点审查总平面布置、工艺流程、施工进度能否实现，总平面布置是否充分考虑方向、风向、采光、通风等要素，设计是否全面，概算是否合理。

③ 施工图设计评审。施工图设计评审的内容包括：对工程对象物的尺寸、布置、选材、构造、相互关系、施工和安装质量要求的详细设计图和说明以及施工图预算，这是设计阶段质量控制的一项重点工作。评审的重点是：使用功能能否满足质量目标和标准，是否满足国家强制性标准的要求，设计文件是否齐全、完整，设计深度是否符合规定，施工图预算是否超过设计概算。

（5）施工图审查　建设单位应将施工图设计文件送审查机构审查。审查范围和内容详见"1.4.2 节施工图设计文件审查"，任何单位或个人不得擅自修改审查合格的施工图。

审查机构对施工图设计文件的审查并不改变设计单位的质量责任。工程经施工图设计文件审查后因设计原因发生工程质量问题，审查机构承担审查失职的责任。

（6）设计交底与图纸会审　设计交底与图纸会审由建设单位主持工程建设有关各方参加，两个会议一并进行。

设计交底就是设计单位就工程设计文件的内容向建设单位、施工单位和监理单位做出详细说明。交底的主要内容一般包括：施工图设计文件总体介绍，设计的意图说明，特殊的工艺要求，建筑、结构、工艺、设备等各专业在施工中的难点、疑点和容易发生的问题说明。设计交底由设计单位整理会议纪要，各方会签。

设计交底完成后，转入图纸会审问题解释，由设计单位对图纸会审问题清单予以解答。通过建设单位、设计单位、施工单位、监理单位及其他有关单位研究协商，确定图纸存在的各种技术问题的解决方案。

所谓图纸会审，是指建设单位、监理单位和施工单位，在收到审查机构审查合格的施工图设计文件后，在设计交底前进行的全面细致的熟悉和审查施工图纸的活动。会审之主要目的在于发现图纸差错，将图纸中的质量隐患消灭在萌芽之中。会审问题由施工单位整理成清单，会签后由建设单位在设计交底前约定的时间内提交给设计单位。

（7）设计变更的管理　如因设计图错漏，或发现实际情况与设计不符时，就会出现工程变更情况。工程变更的要求可能来自建设单位、设计单位或施工单位。对于涉及工程设计文件修改的工程变更，应由原设计单位修改工程设计文件。必要时，建设单位可组织设计单位和施工单位召开专题会议，论证工程设计文件的修改方案。

设计单位的质量责任还包括：解决施工中对设计提出的问题，负责设计变更；参与工程质量事故分析，并对因设计造成的质量事故提出相应的技术处理方案。

4.3　工程施工质量管理

工程施工（或工程建造）是指按照设计图纸和相关文件的要求，在建设场地上将设计意图付诸实现的测量、作业、检验，形成工程实体、建成最终产品的活动。任何优秀的设计成果，只有通过施工或建造才能变为现实。因此，工程建造活动决定了设计意图能否体现，直接关系到工程的安全可靠、使用功能的保证，以及外表观感能否体现建筑设计的艺术水平。在一定程度上，工程施工是形成实体质量的决定性环节。

施工阶段质量管理的依据是：工程承包合同，工程勘察设计文件，有关质量管理方面的法律法规、部门规章与规范性文件，质量标准与技术规范（规程）。施工质量管理可分为施工准备质量管理（事前质量管理）、施工过程质量管理（事中质量管理）和施工质量验收管理（事后质量管理，详见第7章）。

4.3.1　施工准备质量管理

施工单位必须在其资质等级许可范围内承揽相应的施工任务，并对所承包的工程项目的施工质量负责。施工企业应当健全质量管理体系，落实质量责任制，确定工程项目的项目经理、技术负责人和施工管理负责人。

（1）施工组织设计　施工组织设计是指导施工单位进行施工的实施性文件。由于工程建设产品的多样性和产品的单件性，因此每项工程都必须单独编制施工组织设计，而且只有施工组织设计经批准后才允许施工。施工组织设计的基本内容应包括：工程概况，施工部署和施工方案，施工准备工作计划，施工进度计划，劳动力、主要物资和机械需用计划，施工现场平面布置图，保证质量、安全生产、降低消耗的技术组织措施，主要技术经济指标和结束语等。施工组织设计应符合国家的技术政策，充分考虑施工合同约定的条件、施工现场条件及法律法规的要求；施工组织设计应针对工程的特点、难点及施工条件，具有可操作性；质量措施切合实际，能保证工程质量目标的实现；采用的技术方案和措施先进、适用、成熟。

施工单位编制完成施工组织设计后，由编制人、施工单位技术负责人签名和施工单位加盖公章，并填写报审表，按合同约定的时间报送项目监理机构。总监理工程师在约定时间内，组织各专业监理工程师进行审查，专业监理工程师在报审表上签署审查意见后，总监理工程师审核批准。经审查批准的施工组织设计，施工单位应认真贯彻实施，不得擅自任意改动。

（2）组织和技术管理准备　关于组织准备，首先，组建施工组织机构——采用适当的建制形式组建施工项目部，建立质量管理体系和组织机构，建立各级岗位责任制；其次，确定作业组织——在满足施工质量和进度前提下合理组织和安排施工队伍，选择较熟悉本项工程专业操作技能的人员组成骨干施工队；最后，人员培训——施工项目部组织全体施工人员进行质量管理和质量标准的培训，并应保存培训记录。

施工合同签订后，施工项目部应及时索取工程设计图纸和相关技术资料，指定专人管理并公布有效文件清单。项目技术负责人主持由有关人员参加的对设计图纸的学习与审核，认真领会设计意图，掌握施工设计图纸和相关技术标准的要求，并应形成会审记录。如发现设计图纸有误或存在不合理的地方，要及时提出质疑或修改建议，并履行规定的手续予以核实、更正。

编制能指导现场施工的实施性施工组织设计，确定主要（重要）分项工程、分部工程的施工方案和质量保证计划。根据施工组织设计，分解和确定各阶段质量目标和质量保证措施。确认分项工程、分部工程和单位工程的质量检验与验收程序、内容及标准等。

（3）技术交底与培训　单位工程、分部工程和分项工程开工前，项目技术负责人对承担施工的负责人或分包方全体人员进行书面技术交底。技术交底资料应办理签字手续并归档。对施工作业人员进行质量和安全技术培训，经考核后持证上岗。对包括机械设备操作人员的特殊工种资格进行确认，无证或资格不符合者，严禁上岗。

（4）物资准备　项目负责人按质量计划中关于工程分包和物资采购的规定，经招标程序选择并评价分包方和供应商，保存评价记录。各类原材料、成品、半成品质量，必须具有质量合格证明资料并经进场检验，不合格不准用。机具设备根据施工组织设计进场，性能检验应符合施工需求。按照安全生产规定，配备足够的质量合格的安全防护用品。

（5）现场准备　对设计技术交底、交桩给定的工程测量控制点进行复测，当发现问题时，应与勘察设计方协商处理，并形成记录。做好设计、勘测的交桩和交线工作，并进行测量放样。还需建设符合国家或地方标准要求的现场实验室。

按照交通疏导方案修建临时施工便道，导行临时交通。按施工组织设计中的总平面布置图搭建临时设施，包括施工用房、用电、用水、用热、燃气、环境维护等。

4.3.2　施工过程质量管理

施工过程质量管理是施工项目质量管理的重点，其策略为全面管理施工过程、重点控制工序质量。施工过程质量管理有如下一些具体措施。

（1）工序交接有检查　生产班组质量检查，可由采用"三检制"，即班组内自行检查（自检）、班组之间互相检查（互检）和专职质量检查员的质量检查（专检）验收。如其质量不合格，应予以返工或返修；返工或返修完成后，再复检确认。关于工序质量控制的问题，见"4.3.3节工序质量控制介绍"。

上道工序完成后、下道工序插入前，项目经理应组织交接双方工长、班组长进行交接检查；由双方工长填写工种交接检查表，经双方认真检查确认后，方可进行下道工序施工。

（2）质量预控有对策　工程质量预控就是根据主动控制原理对工程质量实施控制。具体来说，就是针对施工的关键工序、关键部位或分项工程、分部工程，事先分析在施工中可能发生的质量问题和隐患，分析可能的原因，并提出相应的对策，制定对策表，采取有效的措施进行预先控制，以防止在施工中发生质量问题。工程质量预控是对未发生的质量问题采取措施，体现了"以预防为主"的重要思想。

　　某施工企业钢筋工程的预控对策为：进场钢筋复检合格后，方可加工，加工前必须进行技术交底，对加工好的半成品、成品进行预检，合格后方可施工使用；钢筋的间距用梯子筋控制（图4.4），保护层用混凝土垫块来控制尺寸（图4.5）；板筋绑扎前在模板上弹线。钢筋绑扎执行"七不准"和"五不验"。七不准：①已浇筑混凝土、浮浆未清除干净不准绑扎钢筋；②钢筋污染清除不干净不准绑扎钢筋；③控制线未弹好不准绑扎钢筋；④钢筋偏位未检查、校正合格，不准绑扎钢筋；⑤钢筋接头本身质量未检查合格不准绑扎钢筋；⑥技术交底未到位不准绑扎钢筋；⑦钢筋加工未通过验收不准绑扎钢筋。五不验：①钢筋未完成不验收；②钢筋定位措施不到位不验收；③钢筋保护层垫块不合格，达不到要求不验收；④钢筋纠偏不合格不验收；⑤钢筋绑扎未严格按技术交底施工不验收。

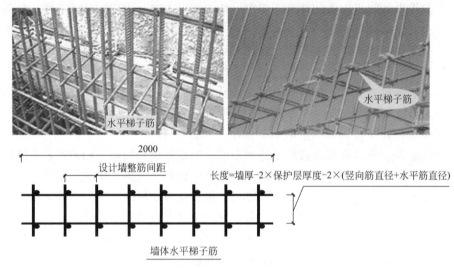

图 4.4　梯子筋

图 4.5　混凝土垫块

　　（3）施工项目有方案　施工方案是施工组织设计的主要组成部分，要求比较详细地介绍工程项目的施工方法、人员配备、机械配置、材料数量、施工进度网络计划以及质量、安全、文明施工、环保等，它针对单位工程、分部工程和分项工程来进行编制。施工组织设计是规划性文件，由施工方案指导施工，由作业指导书指导实际操作。

　　（4）技术措施有交底　技术交底是在工程施工前，由主管技术领导向参与施工的人员进行的技术交代，其目的是使施工人员对工程特点、技术质量要求、施工方法与措施等方面有一个较详细的了解，以便于科学地组织施工，避免技术质量等事故的发生。

技术交底是结合施工图、施工工艺流程和现行的有关国家标准、规范及质量标准、规范而做出的一份详细的施工作业技术指导书，是对施工过程中的一项技术指导。在施工过程中一切按照技术交底的要求、步骤进行施工，要使每一个施工作业人员清楚地了解技术交底中的要求和施工步骤，禁止不按技术交底要求和步骤进行的野蛮施工，从而杜绝工程质量隐患或工程返工等情况发生。

技术交底不允许施工一套，应付检查一套，这也是为什么施工技术交底不能以口头的形式，而必须以书面的形式的原因。

（5）配制材料有试验　现场配制的材料，施工单位应进行级配设计与配合比试验，经试验合格后才能使用。施工过程中，对配制材料、预拌砂浆和商品混凝土等工程材料还要按规定留样检验，必要时可由工程监理机构派人见证取样或实施平行检验。

见证取样是指工程监理机构对施工单位进行的涉及结构安全的试块、试件及工程材料现场取样、封样、送检工作的监督活动；平行检验则是指工程监理机构在施工单位自检的同时，按有关规定、工程监理合同约定对同一检验项目进行的检测试验活动。对平行检验不合格的施工质量，施工单位应在指定时间内完成整改，整改结束后重新报验。

（6）隐蔽工程有验收　隐蔽工程验收是指将被其后工程施工所隐蔽的分项、分部工程，在隐蔽前所进行的检查验收。它是对一些已完成的分项、分部工程质量的最后一道检查，由于检查对象就要被后续施工覆盖，会给以后的检查整改造成障碍，因而需要实行"先验收，后隐蔽"的质量控制方法。

建筑工程的下述部位进行隐蔽检查时必须重点控制，以防止出现质量隐患：基础施工前对地基质量的检查，尤其要检测地基承载力；基坑回填土以前对基础质量的检查；混凝土浇筑前对钢筋、模板的检查；混凝土墙体施工前，对敷设在墙内的电线管质量检查；防水层施工前对基层质量的检查；建筑幕墙施工挂板之前对龙骨系统的检查；屋面板与屋架预埋件的焊接检查；避雷引下线及接地引下线的连接检查；覆盖前对直埋于楼地面的电缆的检查；封闭前对敷设于暗井道、吊顶、楼板垫层内的设备管道的检查等。

（7）计量器具校正有复核　施工单位实验室以及为工程施工服务的委托实验室，除具有相应资质等级外，其试验设备应由法定计量部门出具符合规定要求的计量检定证明。实验室还应具有相关管理制度，以保证试验、检测过程和结果的规范性、准确性、有效性、可靠性和可追溯性。

此外，施工单位还有一些用于现场进行计量的设备，包括施工中使用的衡器、量具、计量装置等。施工单位应按有关规定，定期对计量设备、仪器进行检查、检定，确保计量的精确性和可靠性。

（8）工程变更有手续　施工过程中，由于前期勘察设计的原因，或由于外界自然条件的变化，未探明的地下障碍物、管线、文物、不良地质条件等，以及建造工艺方面的限制、建设单位要求的改变，均会涉及工程变更。工程变更可能由施工单位、设计单位提出，也可能由建设单位提出，都必须履行相应手续，由有关各方签字后实施。

工程变更单由提出单位填写，要写明工程变更原因、工程变更内容，并附必要的附件材料，包括工程变更的依据、详细内容、图纸；对工程造价、工期的影响程度分析，以及对功能、安全影响的分析报告。

（9）钢筋代换有制度　关于钢筋代换的问题，对于受力钢筋应按等强度原则进行代换，即受拉钢筋代换前后承担的拉力相等，受压钢筋代换前后承担的压力相等；而对于构造钢筋则应按面积相等来代换，即要求代换前后钢筋面积相等。

钢筋代换还应综合考虑不同钢筋牌号的性能差异对裂缝宽度验算、最小配筋率、抗震构造要求等的影响，并应满足钢筋间距、保护层厚度、锚固长度、搭接接头面积百分率及搭接长度等的要求。

（10）质量处理有复查　施工过程中某道工序或某一部位出现质量问题时，需要进行整改或采取纠正措施，处理完毕后重新检查验收。同时，质量管理部门还要派人复查，并填写施工质量问题处理复查记录表。复查记录表的内容，主要包括工程名称、受检单位、复查部位、复查人员、复查过程描述、复查结论等。对质量问题整改情况的验证，可以采取现场验证或书面验证等方式。

（11）成品保护有措施　在施工过程中，可能会出现如下情况：有些分项工程已经完成，而其他一些分项工程尚在施工；或者是在其分项工程施工过程中，某些部位已经完成，而其他部位正在施工。已完成的施工部分称为成品。所谓成品保护是指施工单位必须负责对已完成部分采取妥善措施予以保护，以免因成品缺乏保护或保护不善而造成操作损坏或污染，影响工程整体质量。

根据需要保护的建筑产品的特点不同，可以分别对成品采取"防护""包裹""覆盖"和"封闭"等保护措施。

防护：针对被保护对象的特点采取各种防护措施，例如对于进出口台阶，可采用垫砖或搭设脚手板供人通过的方法来保护台阶；

包裹：将被保护物包裹起来，以防止损伤或污染，比如铝合金门窗可用塑料布包扎保护；

覆盖：用表面覆盖的办法防止堵塞或损伤，例如地面可用锯末、苫布等覆盖以防止喷浆等污染，地漏安装后可以用木板或砖等物体遮盖以防止异物落入而被堵塞；

封闭：采取局部封闭的办法进行保护，例如房间地面砖完成后，可将该房间局部封闭，防止人们随意进入而损害地面。

（12）行使质控有否决　施工过程中企业质量管理人员发现质量异常、隐蔽未经验收、质量问题未处理、擅自变更设计图纸、擅自代换或使用不合格材料、未经资质审查的无证上岗操作人员等问题，均应对质量予以否决。

若监理单位发现施工存在质量问题，或施工单位采用不适当的施工工艺，或施工不当而造成质量不合格，应由总监理工程师或专业监理工程师及时签发监理通知单，要求施工单位整改。监理人员发现可能造成质量事故的重大隐患或已发生质量事故，总监理工程师应签发工程暂停令。

（13）质量资料有档案　质量资料（或质量记录）是施工单位在进行工程施工或安装期间，实施质量活动的记录，还包括对这些质量控制活动的意见、施工单位对这些意见的答复，它详细地记录了工程施工阶段质量控制活动的全过程。在工程竣工和投入运行后，对于查询和了解工程建设的质量情况以及工程维修和管理，都可提供大量有用的资料和信息。因此，对质量资料都要逐一编目建档。

质量记录包括施工现场质量管理检查记录、工程材料质量记录和施工过程作业技术活动质量记录三个方面，应真实、齐全、完整，相关各方人员的签字齐备、字迹清楚、结论明确。

4.3.3　工序质量控制介绍

工序又称"作业"，是产品制造过程的基本环节，也是组织生产过程的基本单位。一道工序，就是一个（或一组工人）在一个工作地对一个或几个劳动对象（工程、产品、构配件）所完成的一切连续活动的总和。工序质量指工序的成果符合设计、工艺（技术标准）要求的程度。因为一个单位工程由若干个分部工程组成，而每个分部工程又由若干个分项工程组成，分项工程的完成正是由一道道工序所形成的，所以工序的质量对工程施工质量将产生决定性影响。工程施工质量控制以工序质量控制为重点，工序交接有检查，上不清下不接。

工序质量控制除了对工序活动过程的质量控制以外，还有对工序活动条件或作业技术活动条件的质量控制和工序活动结果或作业技术活动结果（分项工程）的质量控制。这两方面的控制是相互关联的，一方面要控制工序投入品的质量，即人员、材料、机械设备、工艺方法和环境的质量是否符合要求；另一方面要控制每道工序施工完成的分项工程产品是否达到有关质量标准。

（1）作业技术活动条件的控制　为了保证工序施工质量，除了确定工序质量计划、严格遵守工艺规程以外，还要主动控制作业技术活动条件。作业技术条件也就是工序活动条件，主要指影响工程质量的五大因素，即人员、材料、机械、方法和环境（4M1E）。

① 人员控制。这里的人员是指直接参与工程施工的管理者和操作者，应从政治思想素质、技术业务素质和身体健康素质等方面综合考虑，全面管控人员的使用。人作为控制的对象，是要避免产生失误；作为控制的动力，是要充分调动人的积极性，发挥人的主导作用。因此，应特别加强"守规矩"的教育，一切规章制度、操作规程都必须严格遵守；进行专业技术培训，提高操作水平，严格禁止无技术资质人员上岗；改善劳动条件，公平合理地激励劳动热情。对技术复杂、难度大、精度高的工序或操作，应由技术熟练、经验丰富的工人来完成。

② 材料控制。材料包括工程材料、构配件，要严格按照质量标准订货采购、检查验收，正确堆存保管，合理使用。对于检验不合格的工程材料、构配件，应及时退货；对于合格材料、构配件进场后由于保管不善而发生质变者，应清理出现场。总之，工程施工所用工程材料、构配件，应具有合格保证。

③ 机械控制。机械控制对于工序活动而言，主要是控制施工机械设备、工具。应根据不同的工艺特点和技术要求，选择合适的机械设备，从型号、规格、数量和技术参数等方面把控。除此之外，还要正确使用、管理和保养好机械设备，为此，应实行"操作证"制度、定人、定机、定岗位责任制的"三定"制度和交接班制度。操作人员必须认真执行各项规章制度，严格遵守机械设备操作规程、安全技术规程和维修保养规程等，以确保机械设备处于最佳使用状态。

④ 方法控制。方法控制包括施工方案、施工工艺、施工技术措施等的控制。制定的施工方案应切合实际、技术可行、经济合理，有利于保证质量、加快进度和降低成本。作业过程中，要及时督促检查施工工艺文件是否得到认真执行，是否严格遵守操作规程等。

⑤ 环境控制。环境控制是针对工程技术环境、工程作业环境、工程管理环境和工程周边环境的质量控制。在施工现场，对工程作业环境的管控尤为重要，应建立文明施工和文明生产的环境，保持工程材料、构配件堆放有序，道路畅通，工作场所清洁整齐，施工程序井井有条，为确保施工质量、安全创造良好条件。

（2）关键工序（部位）重点管控　为了保证工程施工质量，对工序质量的控制并不平均用力，而是有所侧重，根据工程特点和施工组织设计，将影响工程质量的关键工序（或关键部位）进行重点管控。纳入重点管控的关键工序（部位），施工单位需认真对待，特别仔细地做好每一步工作（技术交底、按规程操作、质量三检、工序交接检查），工程监理单位也会特别关注，可能采取巡视和旁站的方式来管控其质量。

建筑工程应纳入重点管控的关键工序（部位）是：工程测量定位包括标准轴线桩、水平桩、定位轴线、标高；地基、基础工程包括基坑（槽）尺寸、标高、地基承载力，基础垫层标高，基础位置、尺寸、标高，混凝土浇筑，卷材防水层细部构造处理，钢结构安装，土方回填；主体结构工程包括梁柱节点钢筋隐蔽工程、混凝土浇筑、预应力张拉、装配式结构安装、钢结构安装。其他工程的关键工序（部位），应根据工程类别、特点及有关规定和施工组织设计确定。对新工艺、新技术、新材料的应用，由于施工操作人员缺乏经验，又是初次进行施工，必须将其工序操作作为重点管控。

（3）作业技术活动结果的控制　作业技术活动结果，泛指工序的产出品、分项工程、分部工程的已完成施工以及准备交验的单位工程等。

作业技术活动结果的控制是施工过程中间产品及最终产品质量控制的方式，是工序质量的事后控制。只有作业技术活动的中间产品质量都符合要求，才能保证最终单位工程产品的质量，其主要内容有：基槽（基坑）验收，隐蔽工程验收，工序交接验收，检验批、分项工程、分部工程验收，成品保护，联动试车或设备试运转，工程竣工验收等。

复习题

4-1　国家工程建设的程序是什么？何谓"三边"工程？

4-2　工程勘察、设计各分哪几个阶段？

4-3　何谓岩土工程勘察？其主要方法或技术手段有哪些？

4-4　简述工程勘察的程序和质量管理的主要依据。

4-5　工程设计的概念是什么？一般分为哪三个设计阶段？

4-6　施工图设计阶段，结构专业设计文件通常应包括哪些内容？

4-7　简述建筑工程设计纲要的主要内容。

4-8　初步设计评审中应重点审查哪些内容？

4-9　何谓工程施工质量的三阶段控制？

4-10　工程施工阶段质量管理的依据是什么？

4-11　如何理解质量预控有对策？

4-12　建筑施工过程中对成品应进行保护，可采取的保护措施有哪些？

4-13　作业技术活动结果指的是哪些结果？

4-14　勘察质量将影响＿＿＿＿＿和＿＿＿＿＿，从而影响工程实体的质量。

4-15　当建筑物平面布置已经确定，且场地或附近已有岩土工程资料时，可不进行选址勘察和＿＿＿＿＿勘察，而直接进行＿＿＿＿＿勘察。

4-16　勘探可以查明岩土的性质和分布，采取岩土试样、进行原位测试。工程实践中常用的勘探方法有＿＿＿＿＿、＿＿＿＿＿和＿＿＿＿＿三种。

4-17　工程勘察企业必须在资质证书规定的＿＿＿＿＿和＿＿＿＿＿承接业务，不得允许其他单位或个人以本单位的名义承揽业务，不得转包和_____业务。

4-18　工程勘察文件由工程勘察报告、_____和_____等组成。

4-19　勘察单位应及时参加验槽、_____验收和_____验收，参与地基基础有关的工程事故处理工作，以保证工程建设的总体目标得以实现。

4-20　建筑工程设计的方案设计文件应满足编制_____的需要，还应满足方案_____的需要。

4-21　初步设计文件包括_____、_____、主要设备或材料表、_____和有关专业计算书五个方面。

4-22　设计任务书（或设计纲要）是设计_____之一，是建设单位_____的体现。

4-23　审查机构对施工图设计文件的审查并不改变设计单位的_____。工程经施工图设计文件审查后因设计原因而发生工程质量问题，审查机构承担_____的责任。

4-24　工程项目开工前，项目技术负责人应对承担施工任务的班组长和操作人员进行_____技术交底，且交底资料应办理_____并归档。

4-25　为了保证钢筋绑扎质量，需执行"七不准"和_____的质量预控措施。

4-26　工地上若出现钢筋代换，其代换原则是：受力钢筋_____代换，构造钢筋_____代换。

4-27　人员素质是影响工程质量的五大因素之一，应从_____素质、_____素质和_____素质等方面综合考虑，全面管控人员的使用。

4-28　应根据不同的工艺特点和技术要求，选择合适的施工机械设备，从设备的型号、_____、_____和技术_____等方面把控。

4-29　工程勘察的主要任务是正确反映工程地质条件，提出岩土工程评价，为工程（　　）提供依据。

　　　　A.质量管理　　　　B.咨询成果评审　　　　C.设计与施工　　　　D.项目营运

4-30　工程项目设计质量管理的总体要求是，在满足建设单位对工程项目的（　　）需求的情况下处理好投资、环境、法规之间的关系。

　　　　A.功能和使用价值　　　　　　　　B.功能和经济效益

　　　　C.使用价值和经济效益　　　　　　D.使用价值和产量目标

4-31　工程设计质量有两层意思，首先设计应（　　），其次设计必须遵守有关的技术标准、规范和规程。

　　　　A.满足业主所需的功能和使用价值　　B.满足项目建议书要求

　　　　C.受经济、资源、技术、环境等因素制约　　D.受项目质量目标和水平的限制

4-32　在工程设计准备阶段，编制（　　）是确保设计质量的重要环节。

　　　　A.设计合同　　　　B.设计文案　　　　C.设计纲要　　　　D.设计图纸

4-33　设计交底由（　　）负责组织。

　　　　A.监理单位　　　　B.建设单位　　　　C.设计单位　　　　D.施工单位

4-34　初步设计阶段设计图纸的审核侧重于工程项目所采用的技术方案是否符合（　　）要求，以及是否达到项目决策阶段确定的质量目标。

　　　　A.总体方案　　　　B.设计方案　　　　C.初步方案　　　　D.扩初方案

4-35　图纸会审应由（　　）整理会议纪要，与会各方会签。

　　　　A.建设单位　　　　B.设计单位　　　　C.监理单位　　　　D.施工单位

4-36 施工质量控制，按工程实体质量形成过程的时间阶段分为（　　）控制。

A.分项工程、分部工程、单位工程　　　　B.资源投入、生产过程、最终产品

C.施工准备、施工过程、竣工验收　　　　D.设计单位、施工单位、监理单位

4-37 施工组织设计审查是（　　）质量控制的重要手段。

A.施工计划　　　　B.施工准备　　　　C.施工过程　　　　D.施工方案

4-38 在关键部位或关键工序施工过程中，由监理人员在现场进行的监督活动称为（　　）。

A.旁站　　　　B.巡视　　　　C.检查　　　　D.见证

4-39 工程勘察设计质量管理或控制的依据是（　　）。

A.法律、法规　　　　B.工程建设的技术标准　　　　C.项目批准文件

D.招标文件　　　　E.勘察设计纲要

4-40 设计交底由建设单位负责组织，（　　）等单位参加。

A.设计主管部门　　　　B.设计单位　　　　C.监理单位

D.施工单位　　　　E.政府质量监督部门

4-41 工程施工质量控制的主要依据有（　　）。

A.施工合同和设计文件　　　　B.质量管理体系文件

C.质量手册　　　　D.质量管理方面的法律法规

E.有关质量检验和控制的专门技术法规性文件

4-42 工程施工阶段，事中质量控制的具体措施是（　　）。

A.质量处理有复查　　　　B.成品保护有措施　　　　C.行使质控有否决

D.质量文件有档案　　　　E.图纸会审有记录

4-43 质量预控及对策的表达方式主要有（　　）。

A.文字形式　　　　B.质量预控表　　　　C.质量控制图

D.解析图形式　　　　E.因果分析图

4-44 建筑工程的设计阶段，一般分为（　　）等阶段。

A.方案设计　　　　B.初步设计　　　　C.技术设计

D.优化设计　　　　E.施工图设计

4-45 工程监理单位或工程咨询单位对工程施工准备阶段的质量管理工作包括（　　）。

A.施工单位资质核查　　　　B.进场原材料、构配件和设备监控

C.材料配合比质量控制　　　　D.施工组织设计审查

E.施工单位质量管理体系检查

第5章 工程质量统计分析

工业产品和工程项目的质量特性值虽然是变化的，但是服从一定的概率分布，这就使得数理统计方法有可能应用到质量管理中去。首先做出尝试的是美国贝尔电话实验室，于1925年在产品质量管理中应用数理统计图表。经过近一百年的实践和发展，应用概率论与数理统计的原理、方法处理工业产品和工程施工中的质量问题，已经得到各界的广泛认同。

5.1 质量变异的统计观点

人们在实践中早就发现，要生产（制造）出绝对相同的两件产品是不可能的。无论将生产条件控制得多严格，无论付出多大努力去追求绝对相同的目标，都是徒劳的。工厂生产的同一批产品质量存在差异，工地上浇筑的混凝土质量即使是同一班组也会随着浇筑时间早晚、浇筑部位而有所变化。这就是产品质量特征的固有本性——波动性或变异性，质量波动（变异）是必然的，而质量管理的目标之一就是控制波动量的大小。

5.1.1 质量波动或变异的原因

影响产品质量的有五大因素（4M1E），即人、材料、机械、方法和环境。人的因素就是人员素质，包括质量意识、技术水平和精神状态等；材料因素即原材料的性能，包括材质的均匀度、理化性能等；机械就是机械设备，该因素包括其先进性、精度、维护保养状况等；方法因素包括生产工艺、操作方法等；环境因素包括时间、季节、现场温度与湿度、噪声干扰等。影响质量的这五大因素并非一成不变，而是处于不断变化之中。个体产品质量特性表现形式的千差万别，就是这些因素综合作用的结果，质量数据也因此具有了波动性或变异性。

质量特性值的变化在质量标准允许范围内的波动称为正常波动，是由偶然性原因引起的；若是超越了质量标准允许范围的波动则称为异常波动，是由系统性原因引起的。

（1）偶然性原因 在工程施工过程中，影响因素的微小变化具有随机发生的特点，是不可避免、难以测量和把控的，或者是在经济上不值得消除的，它们大量存在但却对质量影响很小，属于允许偏差范畴，引起质量正常波动，一般不会因此而造成废品，施工过程（生产过程）正常稳定，处于受控状态。通常把4M1E等因素的这类微小变化归为影响工程质量的偶然性原因、不可避免原因或正常原因，它会引起质量数据无规律的波动。

（2）系统性原因 系统性原因是一种可以避免的原因。在产品形成过程中，如果出现这种情况，其生产过程已处于失控状态。当影响质量的4M1E等因素发生了较大变化，比如工人未遵守操作规程、机械设备发生故障或过度磨损、工程材料质量规格有显著差异等情况发生时，没有及时排除，生产过程则不正常，产品质量数据就会离散过大或与质量标准有较大偏离，表现为异常波动、次品、废品产生。这就是产生质量问题的系统性原因或异常原因，通常导致质量数据有规律的变化（持续走高或持续走低）。由于异常波动特征明显，容易识别和避免，特别是对质量的负面影响不可忽视，生产中应当随时监控、及时识别和处理。

应该说，偶然性原因和系统性原因也是相对而言的，在不同的客观环境下，两者是可以相互转化的。例如，科技的进步可以识别一些材料的细微不均匀性，那么这种可以测量的差异超过一定限度就被认为是系统性原因，视为异常，不再是正常的偶然性原因了。只要根据实际需要划分好二者的界限，就可以在识别后加以纠正。

5.1.2　质量数据的特性

质量数据通过实测或试验获得。正常波动的质量数据具有随机性，表现为个别试验中呈现出不确定性，在大量重复试验中又具有统计规律性。

所研究对象的全体称为总体或母体，组成总体的基本元素称为个体，总体中含有个体的数目用 N 表示。在对每一批产品质量检验时，该批产品是总体，其中每件产品是个体，此时 N 是有限的数值，则称之为有限总体。在对生产过程进行质量检测时，应该把整个生产过程过去、现在和将来的产品视为总体，随着生产的进行，N 是无限的，称之为无限总体。

从总体中随机抽取出来的部分个体称为样本或子样，总体的质量特征可以根据样本试验结果来推断。样本中的个体称为样品，样品的数目称为样本容量，用 n 表示。

质量数据的特性表现为个体数值的波动性和总体（样本）分布的规律性两个方面。

（1）个体数值的波动性　在实际质量检测中，人们发现即使在生产过程稳定正常的情况下，同一总体（样本）的个体产品质量特性值也是互不相同的。这种个体间表现形式上的差异性，反映在质量数据上即为个体数值的波动性、随机性。

例如设计要求扣筋长度 1800mm，钢筋下料后并不能预测某根扣筋的真实长度，检测实际长度如下（mm）：1803，1805，1798，1800，1802，1799，…，发现它们并不都刚好 1800mm，可能稍微长一点，也可能稍微短一点，这就是个体数值的波动性。

（2）总体（样本）分布的规律性　当运用统计方法对大量丰富的个体质量数值进行处理和分析之后，人们又会发现这些产品质量特性值大多都分布在数值变动范围的中部区域，即有向分布中心靠拢的倾向，表现为质量数值的集中趋势；还有一部分质量特性值在中心两侧分布，随着逐渐远离中心，数值的个数变少，表现为质量数值的离中趋势。质量数据的集中趋势和离中趋势，反映了总体（样本）质量变化的内在规律性。

人们还发现，对于在正常生产条件下的大量产品，误差接近零的产品数目要多些，具有较大正负误差的产品相对较少，偏离很大的产品就更少了，同时正负误差绝对值相等的产品数目非常接近，于是就形成了一个能反映质量数据规律性的分布，即以质量标准为中心的质量数据分布，它可用一个"中间高、两端低、左右对称"的几何图形表示。

5.1.3　质量数据的特征值

产品质量数据具有随机性，可用随机变量 X 表示，总体取值为 N 个：x_1，x_2，x_3，x_4，x_5，x_6，…，x_N。若从总体中随机抽取 n 个样品，则样本的质量数据为：x_1，x_2，…，x_n。质量数据的特征值是由总体（样本）数据计算得到的描述质量数据波动规律的指标，描述质量数据分布集中趋势的有算术平均值、中位数，描述质量数据分布离中趋势的有极差、标准偏差和变异系数。

（1）算术平均值　算术平均值又称均值，是消除了个体之间个别偶然的差异，显示出所有个体共性和数据一般水平的统计指标，它由所有数据计算得到，是数据的分布中心（或集中程度、波动中心、整体水平），对数据的代表性好。

① 总体的算术平均值 μ

$$\mu = \frac{1}{N}(x_1 + x_2 + \cdots + x_N) = \frac{1}{N}\sum_{i=1}^{N} x_i \tag{5.1}$$

② 样本的算术平均值 $\overline{x}$

$$\overline{x} = \frac{1}{n}(x_1 + x_2 + \cdots + x_n) = \frac{1}{n}\sum_{i=1}^{n} x_i \tag{5.2}$$

（2）中位数　样本中位数是将样本数据按大小有序排列后，位置居中的数值。当样本容量 n 为奇数时，数列居中的一位数即为中位数；当样本容量 n 为偶数时，取居中两个数的平均值作为中位数。

（3）极差 R　极差 R 是数据中的最大值与最小值之差，是用数据变动的幅度来反映其分散状况的特征值，如下式所示。

$$R = x_{\max} - x_{\min} \tag{5.3}$$

极差计算简单、使用方便，但粗略。数值仅受两个极端值的影响，损失的质量信息多，不能反映中间数据的分布和波动规律，故仅适用于小样本。

（4）标准偏差　标准偏差简称标准差或均方差。总体的标准差用 σ 表示，样本的标准差用 S 表示，其计算公式分别为：

$$\sigma = \sqrt{\frac{1}{N}\sum_{i=1}^{N}(x_i - \mu)^2} \tag{5.4}$$

$$S = \sqrt{\frac{1}{n-1}\sum_{i=1}^{n}(x_i - \overline{x})^2} \tag{5.5}$$

样本的标准差 S 是总体的标准差 σ 的无偏估计。在样本容量较大（$n \geqslant 50$）时，式（5.5）中的分母 $n-1$ 可简化为 n。标准差是大于 0 的正数，其值小说明分布的集中程度高，离散程度小，均值对总体（样本）的代表性好；标准差的平方是方差，有鲜明的数理统计特征，能确切说明数据分布的离散程度和波动规律，是最常用的反映数据变异程度的特征值。

（5）变异系数 δ　变异系数又称离散系数，是用标准差除以算术平均值得到的相对数，即：

$$\delta = \sigma / \mu（总体）, \delta = S / \overline{x}（样本） \tag{5.6}$$

变异系数表示数据的相对变异（离散）程度。变异系数小，说明分布的集中程度高，离散程度小，均值对总体（样本）的代表性好。由于消除了数据平均水平不同的影响，因此变异系数适用于均值有较大差异的总体之间离散程度的比较，应用更为广泛。

5.2　质量数据的分布规律

质量数据是用来定量描述质量特性值的数据，任何质量管理活动都应实施定量化，否则是不科学的。因此，企业质量管理活动也可以说是一种以数据为基础的经营活动。质量数据按数轴上数的基本属性可以分为两大类，即计数值和计量值，其中计数值根据质量特性值本身的特点，又可以分为计件值和计点值。在概率论中，计数值 X 称为离散型随机变量，而计量值 X 称为连续型随机变量，它们各有不同的分布规律。

5.2.1　计数值的分布规律及度量

计数值 X 为离散型随机变量，其取值范围为 0，1，2，3，…。在质量管理中，通常考虑如下三种分布：超几何分布、二项分布和泊松分布。

（1）超几何分布　超几何分布的研究对象是有限总体无放回抽样，即考虑样本抽取后对总体的影响。因为每取出一个样品后，总体中就少了一个，所以每次取到某物的概率是不同的，此种抽样为超几何分布模型。

假定在总数为 N 件的产品中有 D 件不合格品，则不合格率 $p=D/N$。现在随机抽取 n 件产品进行检验，发现 d 件不合格的概率为：

$$P(X=d)=\frac{C_D^d C_{N-D}^{n-d}}{C_N^n} \tag{5.7}$$

式中　　C_D^d——不合格品的组合，且 $C_D^d=\dfrac{D!}{(D-d)!d!}$；

C_{N-D}^{n-d}——合格品的组合；

C_N^n——从 N 件中随机抽取 n 件的组合。

需要注意的是，超几何分布的模型是不放回抽样；超几何分布中的参数是 D、N、n。

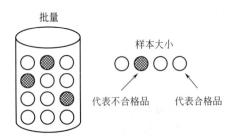

批量

样本大小

代表不合格品　　代表合格品

图 5.1　例 5.1 图

【例 5.1】　将生产出的 12 个乒乓球放入盒中，如图 5.1 所示，其中有 3 个不合格品。现从中随机抽取 4 个球作为样本（样本容量为 4）进行检验，试求发现样本中有 1 个样品不合格的概率。

【解】　因为已知 $N=12$，$D=3$，$n=4$，$d=1$，所以由式（5.7）

$$P(X=d)=\frac{C_D^d C_{N-D}^{n-d}}{C_N^n}$$

得到

$$P(X=1)=\frac{C_3^1 C_9^3}{C_{12}^4}=3\times\frac{9!}{(9-3)!\times 3!}\times\frac{(12-4)!\times 4!}{12!}=\frac{28}{55}=0.509$$

【例 5.2】　在一个口袋中装有 30 个球，其中有 10 个红球，其余为白球，这些球除颜色外完全相同。游戏者一次从中摸出 5 个球，摸到至少 4 个红球就中一等奖，试问获得一等奖的概率是多少？

【解】　由题意可见，此问题归结为超几何分布模型。用红球替换原模型中的不合格品，这样一来就有 $N=30$，$D=10$，$n=5$。

$$P(一等奖)=P(X\geqslant 4)=P(X=4)+P(X=5)$$

再由式（5.7）得

$$P(X=4)=\frac{C_{10}^4 C_{20}^1}{C_{30}^5}=\frac{10!}{6!\times 4!}\times 20\times\frac{25!\times 5!}{30!}=\frac{100}{3393}$$

$$P(X=5)=\frac{C_{10}^5 C_{20}^0}{C_{30}^5}=\frac{10!}{5!\times 5!}\times 1\times\frac{25!\times 5!}{30!}=\frac{6}{3393}$$

所以，获得一等奖的概率为

$$P(\text{一等奖}) = \frac{100}{3393} + \frac{6}{3393} = \frac{106}{3393} = 0.0312$$

（2）二项分布　对于有放回抽样，每次抽取时的总体没有改变，因而每次抽到某物的概率都是相同的，可以看成是独立重复试验，此种抽样是二项分布模型。二项分布模型和超几何分布模型最主要的区别在于是放回抽样还是不放回抽样，但当批量很大（如 $N = 1000$ 或更大），则放回抽样和不放回抽样几乎没有差别。可以证明，超几何分布的极限形式就是二项分布。实际计算时，当 $N \geq 10n$ 时，可以用二项分布逼近超几何分布，其误差较小，能被工程师们所接受。

根据贝努利定理，二项分布的概率计算公式为：

$$P(X = d) = C_n^d p^d q^{n-d} \tag{5.8}$$

式中　n——样本容量（或样本大小）；

d——n 中的不合格品数；

p——产品的不合格品率；

q——产品的合格品率，即 $q = 1 - p$。

二项分布规律主要用于具有计件值特征的质量特性值分布规律的研究。例如，在产品的质量检验和验收中，批产品合格与否的判断，以及在工序控制过程中所应用的不合格品率 p 控制图和不合格品数 pn 控制图的统计分析。

【例 5.3】　今有一批产品，批量很大，$N = 1000$。产品不合格品率 $p = 0.01$，现随机从中抽取 $n = 10$ 件，试求经检验后发现有 1 件不合格品的概率有多大？至少有 2 件不合格品的概率有多大？

【解】　由产品不合格品率 $p = 0.01$，可得产品的合格品率为 $q = 1 - p = 1 - 0.01 = 0.99$。

（1）有 1 件不合格品的概率　按二项分布的式（5.8）计算：

$$P(X = 1) = C_{10}^1 p^1 q^{10-1} = 10 \times 0.01 \times 0.99^9 = 0.091$$

若考虑样本对总体的影响，则采用超几何分布的公式计算。因为 $D = Np = 1000 \times 0.01 = 10$，所以将已知数据代入式（5.7），得：

$$P(X = 1) = \frac{C_{10}^1 C_{990}^9}{C_{1000}^{10}} = 10 \times \frac{990!}{981! \times 9!} \times \frac{990! \times 10!}{1000!} = 0.092$$

此时两者之间的相对差值仅为 $(92-91)/92 = 0.0109 = 1.09\% < 5\%$，工程计算可以不再区分超几何分布和二项分布，通常直接采用计算简单的二项分布公式来计算。

（2）至少有 2 件不合格品的概率

$$P(X \geq 2) = 1 - P(X < 2) = 1 - P(X = 0) - P(X = 1)$$

因为

$$P(X = 0) = C_{10}^0 p^0 q^{10-0} = 1 \times 1 \times 0.99^{10} = 0.904$$

$$P(X = 1) = 0.091$$

所以

$$P(X \geq 2) = 1 - 0.904 - 0.091 = 0.005$$

（3）泊松分布　设随机变量 X 的所有可能取的值为 0，1，2，…，而取 k 值的概率为

$$P(X = k) = \frac{\lambda^k e^{-\lambda}}{k!} \tag{5.9}$$

其中常数 $\lambda > 0$，则称 X 服从参数为 λ 的泊松分布。依据式（5.9）制成泊松分布概率计算表，计算时可以直接查表5.1，以减少计算工作量。

泊松分布研究的对象是具有计点值特征的质量特性值，例如布匹上出现的疵点的规律、机床发生故障的规律，此时 $\lambda = np$，且 n 为样本大小、p 为单位不合格品率（缺陷率）。自然界和生活中也有大量现象服从泊松分布规律，例如每天超市中的顾客人数，每分钟到达公共汽车站的乘客人数，牧草种子中的杂草种子数等。

由泊松定理可知，对于以 n、p 为参数的二项分布，当 $n \rightarrow \infty$ 时趋于以 $\lambda(\lambda = np)$ 为参数的泊松分布。实际计算中，当 $\lambda = np < 4$ 时，用二项分布和泊松分布计算可以得出几乎相同的结果，而泊松分布可以查表计算，更显得方便。

可以证明，$\lambda = np \geqslant 5$ 时，正态分布是泊松分布的极限形式。

【例 5.4】 批量很大的一批产品，不合格品率 $p = 0.005$，现随机从中抽取 $n = 60$ 件进行检验，试用泊松分布公式计算发现有 1 件不合格品的概率。

【解】 泊松分布参数 $\lambda = np = 60 \times 0.005 = 0.3$，查表5.1得到有 1 件不合格品的概率为：

$$P(X=1) = 0.222$$

表 5.1 泊松分布概率计算表

k	$\lambda(\lambda=np)$									
	0.1	0.2	0.3	0.4	0.5	0.6	0.7	0.8	0.9	1.0
0	0.905	0.819	0.741	0.670	0.607	0.549	0.497	0.449	0.406	0.368
1	0.091	0.164	0.222	0.268	0.303	0.329	0.349	0.359	0.366	0.368
2	0.004	0.016	0.033	0.054	0.076	0.099	0.122	0.144	0.166	0.184
3		0.001	0.004	0.007	0.013	0.020	0.028	0.039	0.049	0.061
4				0.001	0.001	0.003	0.005	0.008	0.011	0.016
5								0.001	0.002	0.003

k	$\lambda(\lambda=np)$									
	1.1	1.2	1.3	1.4	1.5	1.6	1.7	1.8	1.9	2.0
0	0.333	0.301	0.273	0.247	0.223	0.202	0.183	0.165	0.150	0.135
1	0.366	0.361	0.354	0.345	0.335	0.323	0.311	0.298	0.284	0.271
2	0.201	0.217	0.230	0.242	0.251	0.258	0.264	0.268	0.270	0.271
3	0.074	0.087	0.100	0.113	0.126	0.138	0.149	0.161	0.171	0.180
4	0.021	0.026	0.032	0.039	0.047	0.055	0.064	0.072	0.081	0.090
5	0.004	0.007	0.009	0.011	0.014	0.018	0.022	0.026	0.031	0.036
6	0.001	0.001	0.002	0.003	0.004	0.005	0.006	0.008	0.010	0.012
7						0.001	0.001	0.002	0.003	0.004
8										0.001

k	$\lambda(\lambda=np)$									
	2.1	2.2	2.3	2.4	2.5	2.6	2.7	2.8	2.9	3.0
0	0.123	0.111	0.100	0.091	0.082	0.074	0.067	0.061	0.055	0.050
1	0.257	0.244	0.231	0.218	0.205	0.193	0.182	0.170	0.160	0.149
2	0.270	0.268	0.265	0.261	0.256	0.251	0.245	0.238	0.231	0.224
3	0.189	0.197	0.203	0.209	0.214	0.218	0.221	0.223	0.224	0.224
4	0.099	0.108	0.117	0.125	0.134	0.141	0.149	0.156	0.162	0.168
5	0.042	0.048	0.054	0.060	0.067	0.074	0.080	0.087	0.094	0.101
6	0.015	0.017	0.021	0.024	0.028	0.032	0.036	0.041	0.045	0.050
7	0.004	0.005	0.007	0.008	0.010	0.012	0.014	0.016	0.019	0.022
8	0.001	0.002	0.002	0.003	0.003	0.004	0.005	0.006	0.007	0.008
9				0.001	0.001	0.001	0.001	0.002	0.002	0.003
10									0.001	0.001

续表

k	$\lambda(\lambda=np)$									
	3.1	3.2	3.3	3.4	3.5	3.6	3.7	3.8	3.9	4.0
0	0.045	0.041	0.037	0.033	0.030	0.027	0.025	0.022	0.020	0.018
1	0.140	0.130	0.122	0.113	0.106	0.098	0.091	0.085	0.079	0.073
2	0.216	0.209	0.201	0.193	0.185	0.177	0.169	0.161	0.154	0.147
3	0.224	0.223	0.222	0.219	0.216	0.213	0.209	0.205	0.200	0.195
4	0.173	0.178	0.182	0.186	0.189	0.191	0.193	0.194	0.195	0.195
5	0.107	0.114	0.120	0.126	0.132	0.138	0.143	0.148	0.152	0.157
6	0.056	0.061	0.066	0.071	0.077	0.083	0.088	0.094	0.099	0.104
7	0.025	0.028	0.031	0.035	0.038	0.042	0.047	0.051	0.055	0.060
8	0.010	0.011	0.012	0.015	0.017	0.019	0.022	0.024	0.027	0.030
9	0.003	0.004	0.005	0.006	0.007	0.008	0.009	0.010	0.012	0.013
10	0.001	0.001	0.002	0.002	0.002	0.003	0.003	0.004	0.004	0.005
11				0.001	0.001	0.001	0.001	0.001	0.002	0.002
12								0.001	0.001	0.001

k	$\lambda(\lambda=np)$									
	4.1	4.2	4.3	4.4	4.5	4.6	4.7	4.8	4.9	5.0
0	0.017	0.015	0.014	0.012	0.011	0.010	0.009	0.008	0.008	0.007
1	0.068	0.063	0.058	0.054	0.050	0.046	0.043	0.039	0.037	0.034
2	0.139	0.132	0.126	0.119	0.113	0.106	0.101	0.095	0.090	0.084
3	0.190	0.185	0.180	0.174	0.169	0.163	0.157	0.152	0.146	0.140
4	0.195	0.195	0.193	0.192	0.190	0.188	0.185	0.182	0.179	0.176
5	0.160	0.163	0.166	0.169	0.171	0.172	0.174	0.175	0.175	0.176
6	0.110	0.114	0.119	0.124	0.128	0.132	0.136	0.140	0.143	0.146
7	0.064	0.069	0.073	0.078	0.082	0.087	0.091	0.096	0.100	0.105
8	0.033	0.036	0.040	0.043	0.046	0.050	0.054	0.058	0.061	0.065
9	0.015	0.017	0.019	0.021	0.023	0.026	0.028	0.031	0.034	0.036
10	0.006	0.007	0.008	0.009	0.011	0.012	0.013	0.015	0.016	0.018
11	0.002	0.003	0.003	0.004	0.004	0.005	0.006	0.006	0.007	0.008
12	0.001	0.001	0.001	0.001	0.001	0.002	0.002	0.002	0.003	0.003
13					0.001	0.001	0.001	0.001	0.001	0.001
14										0.001

【例 5.5】　某企业有一批同型号的机械设备，各自独立工作，故障发生率均为 $p=0.01$，一台设备的故障可由一人来处理。(1) 若由 1 人负责维修 20 台设备，试求设备发生故障而不能及时处理的概率；(2) 若由 2 人共同负责维修 50 台，情况又会如何呢？

【解】　设备故障率 $p=0.01$，设备发生故障的台数 X 为随机变量，按泊松分布计算。

(1) 1 人负责维修 20 台设备，设备发生故障而不能及时处理的概率　参数 $\lambda=np=20\times 0.01=0.2$，查表 5.1 计算。

$$P(X\geqslant 2)=1-P(X<2)=1-P(X=0)-P(X=1)$$
$$=1-0.819-0.164=0.017$$

(2) 2 人共同负责维修 50 台设备，设备发生故障而不能及时处理的概率　参数 $\lambda=np=50\times 0.01=0.5$，查表 5.1 计算。

$$P(X \geqslant 3) = 1 - P(X < 3) = 1 - P(X=0) - P(X=1) - P(X=2)$$
$$= 1 - 0.607 - 0.303 - 0.076 = 0.014$$

计算结果说明,第二种情况尽管任务重了(每人平均维修 25 台),但工作质量不仅没有降低,相反还有所提高(设备发生故障不能及时处理的概率下降了)。

5.2.2 计量值的分布规律及度量

计量值 X 为连续型随机变量,其取值范围为数轴上的实数。在质量管理中,通常只需考虑正态分布。在机械加工的生产活动和工程施工过程中,当质量特性值具有计量性质时,就用正态分布去控制和研究质量变化的规律,包括公差标准的制定、生产误差的计算和分析、生产设备的调整、工序能力的分析、产品质量的控制和验收等。工程建设实践中,只要是受许多微小作用的因素影响的质量数据,都可以认为是近似服从正态分布的,如构件的几何尺寸、材料强度等;如果是随机抽取的样本,无论它来自的总体是何种分布,在样本容量较大(大于 30)时,其样本均值也将服从或近似服从正态分布。

由此可见,正态分布是企业生产经营活动中应用最为广泛的一种概率分布,了解其分布的基本参数和生产过程状态的关系是十分必要的。

(1)概率密度函数 正态分布用 $N(\mu, \sigma^2)$ 表示,平均值和标准差两个参数都出现在概率密度函数中:

$$y = f(x) = \frac{1}{\sqrt{2\pi}\sigma} \exp\left[-\frac{(x-\mu)^2}{2\sigma^2}\right] \qquad (5.10)$$

函数曲线如图 5.2 所示。该曲线的主要特点为:

① 对称性,曲线对称于 $x = \mu$;

② 单峰值,曲线只有一个峰值点 $f(\mu)$: $y_{\max} = f(\mu) = 1/(\sqrt{2\pi}\sigma)$;

③ 渐近性,当 x 趋于 $+\infty$ 或 $-\infty$ 时,$f(x)$ 趋于零,以 x 轴为渐近线;

④ 双拐点,在平均值左、右 1 倍标准差处曲线出现拐点(反弯点)。

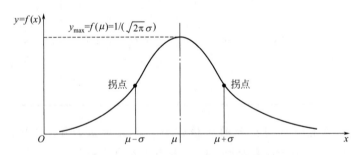

图 5.2　正态分布概率密度函数曲线

由式(5.10)可知,正态分布有两个重要基本参数:平均值 μ 和标准差 σ,只要它们二者的值确定下来,那么服从正态分布的质量特性值 x 的分布曲线就唯一确定了。

根据数学上概率密度的概念,图 5.2 曲线下的面积代表相应概率,图形的总面积为 1,平均值附近的面积所占比例较大。

(2)平均值和标准差对质量的影响 正态分布的平均值 μ 描述了质量特性值 x 分布的集中位置,如图 5.3 所示;而正态分布的标准差 σ 描述了质量特性值 x 分布的分散程度,如图 5.4 所示。

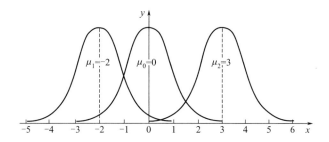

图 5.3 正态分布平均值 μ 的特性（$\sigma=1$）

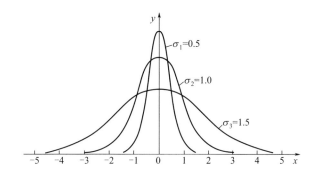

图 5.4 正态分布标准差 σ 的特性（$\mu=0$）

若以 x 表示某加工零件的长度尺寸偏差（图 5.3），假设 $\mu=0$ 的分布符合质量标准，也即 $\mu=0$ 的分布描述了一个生产过程的控制状态，那么 $\mu=3$ 就显示了零件长度尺寸偏长的一个失控的生产状态。如果根据生产过程收集的数据统计分析的结果为这种状态，就必须分析原因，采取措施，调整恢复到 $\mu=0$ 的控制状态，否则会出现大量的不合格产品。而 $\mu=-2$ 的分布状态也是属于失控状态，此时描述的零件长度尺寸明显偏短。生产过程是否处于失控状态是可以通过正态分布的平均值 μ 的变化显示出来的，质量数据分布中心 μ 发生右移（平均值增大）或左移（平均值减小）的状态，都属于生产过程的失控状态。

如图 5.4 所示，假设通过三次生产状态的统计分析，平均值 μ 没有发生变化（$\mu=0$），而标准差 σ 出现了三种不同的情况，比如 $\sigma_1=0.5$、$\sigma_2=1$ 和 $\sigma_3=1.5$。如果 $\sigma_2=1$ 是符合质量标准要求的，那么 $\sigma_3=1.5$ 的生产状态说明零件长度尺寸有更大的分散性。如果与公差界限比较，就会发现有超出公差上限和公差下限的不合格品，这也是一个失控状态，是不允许的。而 $\sigma_1=0.5$ 的情况说明零件长度尺寸分布更集中了，也就是加工的精度提高了。分析其原因，可能是管理更严格了，增加了成本；也可能是采用了新技术、新工艺或新设备。由此可见，标准差 σ 的变化也描述了生产过程的状态。

综上所述，如果质量特性值服从或近似服从正态分布规律，那么就可以通过 μ 和 σ 的变化控制生产过程状态，这就是工序质量控制的基本原理。

（3）概率分布函数与概率计算　给定随机变量 X，它的取值不超过实数 x 的概率 $P(X \leqslant x)$ 是 x 的函数，这个函数称为 X 的分布函数，简称分布函数，用 $F(x)$ 表示。对于正态分布应有

$$F(x) = P(X \leqslant x) = \int_{-\infty}^{x} f(t) \, \mathrm{d}t$$

$$= \frac{1}{\sqrt{2\pi}\sigma} \int_{-\infty}^{x} \exp\left[-\frac{(t-\mu)^2}{2\sigma^2}\right] \mathrm{d}t \qquad (5.11)$$

由分布函数的定义可知，随机变量 X 的值落在区间 $[a, b]$ 内的概率为：

$$P(a \leqslant X \leqslant b) = F(b) - F(a) \qquad (5.12)$$

X 的取值不超过 a 和大于 b 的单边概率分别为：

$$P(X \leqslant a) = F(a) \qquad (5.13)$$

$$P(X > b) = 1 - F(b) \qquad (5.14)$$

由于积分式（5.11）表示的分布函数 $F(x)$ 不便于计算，实际计算中可通过标准正态分布来计算。所谓标准正态分布是指 $\mu = 0$、$\sigma = 1$ 的正态分布 $N(0, 1)$，此时的分布函数由 $\Phi(x)$ 表示：

$$\Phi(x) = \frac{1}{\sqrt{2\pi}} \int_{-\infty}^{x} \exp\left[-\frac{t^2}{2}\right] \mathrm{d}t \qquad (5.15)$$

标准正态分布的分布函数可查概率积分表，见表 5.2。

一般正态分布和标准正态分布的分布函数之间存在如下关系：

$$F(x) = \Phi\left(\frac{x-\mu}{\sigma}\right) \qquad (5.16)$$

由此，一般正态分布的概率计算问题就解决了。

表 5.2　标准正态分布概率积分表 $\Phi(x)$

x	0.09	0.08	0.07	0.06	0.05	0.04	0.03	0.02	0.01	0.00
−3.5	0.00017	0.00017	0.00018	0.00019	0.00019	0.00020	0.00021	0.00022	0.00022	0.00023
−3.4	0.00024	0.00025	0.00026	0.00027	0.00028	0.00029	0.00030	0.00031	0.00033	0.00034
−3.3	0.00035	0.00036	0.00038	0.00039	0.00040	0.00042	0.00043	0.00045	0.00047	0.00048
−3.2	0.00050	0.00052	0.00054	0.00056	0.00058	0.00060	0.00062	0.00064	0.00066	0.00069
−3.1	0.00071	0.00074	0.00076	0.00079	0.00082	0.00085	0.00087	0.00090	0.00094	0.00097
−3.0	0.00100	0.00104	0.00107	0.00111	0.00114	0.00118	0.00122	0.00126	0.00131	0.00135
−2.9	0.0014	0.0014	0.0015	0.0015	0.0016	0.0016	0.0017	0.0017	0.0018	0.0019
−2.8	0.0019	0.0020	0.0021	0.0021	0.0022	0.0023	0.0023	0.0024	0.0025	0.0026
−2.7	0.0026	0.0027	0.0028	0.0029	0.0030	0.0031	0.0032	0.0033	0.0034	0.0035
−2.6	0.0036	0.0037	0.0038	0.0039	0.0040	0.0041	0.0043	0.0044	0.0045	0.0047
−2.5	0.0048	0.0049	0.0051	0.0052	0.0054	0.0055	0.0057	0.0059	0.0060	0.0062
−2.4	0.0064	0.0066	0.0068	0.0069	0.0071	0.0073	0.0075	0.0078	0.0080	0.0082
−2.3	0.0084	0.0087	0.0089	0.0091	0.0094	0.0096	0.0099	0.0102	0.0104	0.0107
−2.2	0.0110	0.0113	0.0116	0.0119	0.0122	0.0125	0.0129	0.0132	0.0136	0.0139
−2.1	0.0143	0.0146	0.0150	0.0154	0.0158	0.0162	0.0166	0.0170	0.0174	0.0179
−2.0	0.0183	0.0188	0.0192	0.0197	0.0202	0.0207	0.0212	0.0217	0.0222	0.0228
−1.9	0.0233	0.0239	0.0244	0.0250	0.0256	0.0262	0.0268	0.0274	0.0281	0.0287
−1.8	0.0294	0.0301	0.0307	0.0314	0.0322	0.0329	0.0336	0.0344	0.0351	0.0359
−1.7	0.0367	0.0375	0.0384	0.0392	0.0401	0.0409	0.0418	0.0427	0.0436	0.0446
−1.6	0.0455	0.0465	0.0475	0.0485	0.0495	0.0505	0.0516	0.0526	0.0537	0.0548

续表

x	0.09	0.08	0.07	0.06	0.05	0.04	0.03	0.02	0.01	0.00
−1.5	0.0559	0.0571	0.0582	0.0594	0.0606	0.0618	0.0630	0.0643	0.0655	0.0668
−1.4	0.0681	0.0694	0.0708	0.0721	0.0735	0.0749	0.0764	0.0778	0.0793	0.0808
−1.3	0.0823	0.0838	0.0853	0.0869	0.0885	0.0901	0.0918	0.0934	0.0951	0.0968
−1.2	0.0895	0.1003	0.1020	0.1038	0.1057	0.1075	0.1093	0.1112	0.1131	0.1151
−1.1	0.1170	0.1190	0.1210	0.1230	0.1251	0.1271	0.1292	0.1314	0.1335	0.1357
−1.0	0.1379	0.1401	0.1423	0.1446	0.1469	0.1492	0.1515	0.1539	0.1562	0.1587
−0.9	0.1611	0.1635	0.1660	0.1685	0.1711	0.1736	0.1762	0.1788	0.1814	0.1841
−0.8	0.1867	0.1894	0.1922	0.1949	0.1977	0.2005	0.2033	0.2061	0.2090	0.2119
−0.7	0.2148	0.2177	0.2207	0.2236	0.2266	0.2297	0.2327	0.2358	0.2389	0.2420
−0.6	0.2451	0.2483	0.2514	0.2546	0.2578	0.2611	0.2643	0.2676	0.2709	0.2743
−0.5	0.2776	0.2810	0.2843	0.2877	0.2912	0.2946	0.2981	0.3015	0.3050	0.3085
−0.4	0.3121	0.3156	0.3192	0.3228	0.3264	0.3300	0.3336	0.3372	0.3409	0.3446
−0.3	0.3483	0.3520	0.3557	0.3594	0.3632	0.3669	0.3707	0.3745	0.3783	0.3821
−0.2	0.3859	0.3897	0.3936	0.3974	0.4013	0.4052	0.4090	0.4129	0.4168	0.4207
−0.1	0.4247	0.4286	0.4325	0.4364	0.4404	0.4443	0.4483	0.4522	0.4562	0.4602
−0.0	0.4641	0.4681	0.4721	0.4761	0.4801	0.4840	0.4880	0.4920	0.4960	0.5000

x	0.00	0.01	0.02	0.03	0.04	0.05	0.06	0.07	0.08	0.09
+0.0	0.5000	0.5040	0.5080	0.5120	0.5160	0.5199	0.5239	0.5279	0.5319	0.5359
+0.1	0.5398	0.5438	0.5478	0.5517	0.5557	0.5596	0.5636	0.5675	0.5714	0.5753
+0.2	0.5793	0.5832	0.5871	0.5910	0.5948	0.5987	0.6026	0.6064	0.6103	0.6141
+0.3	0.6179	0.6217	0.6255	0.6293	0.6331	0.6368	0.6406	0.6443	0.6480	0.6517
+0.4	0.6554	0.6591	0.6628	0.6664	0.6700	0.6736	0.6772	0.6808	0.6844	0.6879
+0.5	0.6915	0.6950	0.6985	0.7019	0.7054	0.7088	0.7123	0.7157	0.7190	0.7224
+0.6	0.7257	0.7291	0.7324	0.7357	0.7389	0.7422	0.7454	0.7486	0.7517	0.7549
+0.7	0.7580	0.7611	0.7624	0.7673	0.7704	0.7734	0.7764	0.7794	0.7823	0.7852
+0.8	0.7881	0.7910	0.7939	0.7967	0.7995	0.8023	0.8051	0.8079	0.8106	0.8133
+0.9	0.8159	0.8186	0.8212	0.8238	0.8264	0.8289	0.8315	0.8340	0.8365	0.8389
+1.0	0.8413	0.8438	0.8461	0.8485	0.8508	0.8531	0.8554	0.8577	0.8599	0.8621
+1.1	0.8643	0.8665	0.8686	0.8708	0.8729	0.8749	0.8770	0.8790	0.8810	0.8830
+1.2	0.8849	0.8869	0.8888	0.8907	0.8925	0.8944	0.8962	0.8980	0.8997	0.9015
+1.3	0.9032	0.9049	0.9066	0.9082	0.9099	0.9115	0.9131	0.9147	0.9162	0.9177
+1.4	0.9192	0.9207	0.9222	0.9236	0.9251	0.9265	0.9279	0.9292	0.9306	0.9319
+1.5	0.9332	0.9345	0.9357	0.9370	0.9382	0.9394	0.9406	0.9418	0.9429	0.9441
+1.6	0.9452	0.9463	0.9474	0.9484	0.9495	0.9505	0.9515	0.9525	0.9535	0.9545
+1.7	0.9554	0.9564	0.9573	0.9582	0.9591	0.9599	0.9608	0.9616	0.9625	0.9633
+1.8	0.9641	0.9649	0.9656	0.9664	0.9671	0.9678	0.9686	0.9693	0.9699	0.9706
+1.9	0.9713	0.9719	0.9726	0.9732	0.9738	0.9744	0.9750	0.9756	0.9761	0.9767
+2.0	0.9773	0.9778	0.9783	0.9788	0.9793	0.9798	0.9803	0.9808	0.9812	0.9817
+2.1	0.9821	0.9826	0.9830	0.9834	0.9838	0.9842	0.9846	0.9850	0.9854	0.9857
+2.2	0.9861	0.9864	0.9868	0.9871	0.9875	0.9878	0.9881	0.9884	0.9887	0.9890
+2.3	0.9893	0.9896	0.9898	0.9901	0.9904	0.9906	0.9909	0.9911	0.9913	0.9916
+2.4	0.9918	0.9920	0.9922	0.9925	0.9927	0.9929	0.9931	0.9932	0.9934	0.9936
+2.5	0.9938	0.9940	0.9941	0.9943	0.9945	0.9946	0.9948	0.9949	0.9951	0.9952

续表

x	0.00	0.01	0.02	0.03	0.04	0.05	0.06	0.07	0.08	0.09
+2.6	0.9953	0.9955	0.9956	0.9957	0.9959	0.9960	0.9961	0.9962	0.9963	0.9964
+2.7	0.9965	0.9966	0.9967	0.9968	0.9969	0.9970	0.9971	0.9972	0.9973	0.9974
+2.8	0.9974	0.9975	0.9976	0.9977	0.9977	0.9978	0.9979	0.9979	0.9980	0.9981
+2.9	0.9981	0.9982	0.9983	0.9983	0.9984	0.9984	0.9985	0.9985	0.9986	0.9986
+3.0	0.99865	0.99869	0.99874	0.99878	0.99882	0.99886	0.99889	0.99893	0.99896	0.99900
+3.1	0.99903	0.99906	0.99910	0.99913	0.99915	0.99918	0.99921	0.99924	0.99926	0.99929
+3.2	0.99931	0.99934	0.99936	0.99938	0.99940	0.99942	0.99944	0.99946	0.99948	0.99950
+3.3	0.99952	0.99953	0.99955	0.99957	0.99958	0.99960	0.99961	0.99962	0.99964	0.99965
+3.4	0.99966	0.99967	0.99969	0.99970	0.99971	0.99972	0.99973	0.99974	0.99975	0.99976
+3.5	0.99977	0.99978	0.99978	0.99979	0.99980	0.99981	0.99981	0.99982	0.99983	0.99983

【例 5.6】 某副食品包装的重量平均值为300g，标准差为25g，假设该产品的重量服从正态分布，且已知重量规格下限为280g，求低于规格下限的不合格品率。

【解】 已知条件为：$\mu=300$g、$\sigma=25$g、$x_L=280$g，服从正态分布。

$$p=P(X<x_L)=F(x_L)=\Phi\left(\frac{x_L-\mu}{\sigma}\right)=\Phi\left(\frac{280-300}{25}\right)$$
$$=\Phi(-0.8)=0.2119$$

低于下限的不合格品率为21.19%。要减小不合格品率，提高产品质量，应提高包装的重量精度（采取有效措施减小标准差）。若标准差减小为10g，则不合格品率降为2.28%。

【例 5.7】 材料强度服从正态分布。混凝土的强度等级是由立方抗压强度标准值来确定的，标准值具有95%的保证率（实际取值不低于该标准值的概率为0.95）。C30混凝土立方抗压强度标准值为 $f_{cu,k}=30$N/mm²，变异系数 $\delta=0.14$，试求立方抗压强度平均值。

【解】 首先导出计算公式，然后再代入数据计算。由保证率的定义

$$P(X\geq f_{cu,k})=1-P(X<f_{cu,k})=1-F(f_{cu,k})$$
$$=1-\Phi\left(\frac{f_{cu,k}-\mu}{\sigma}\right)=0.95$$

得到

$$\Phi\left(\frac{f_{cu,k}-\mu}{\sigma}\right)=1-0.95=0.05，再查表5.2：\Phi(-1.645)=0.05$$

所以

$$\frac{f_{cu,k}-\mu}{\sigma}=\frac{f_{cu,k}-\mu}{\delta\mu}=-1.645$$

解得

$$\mu=\frac{f_{cu,k}}{1-1.645\delta}$$

C30 混凝土的立方抗压强度平均值

$$\mu=\frac{f_{cu,k}}{1-1.645\delta}=\frac{30}{1-1.645\times0.14}=39.0(\text{N/mm}^2)$$

这是混凝土施工质量控制的参考指标之一。

（4）"3σ"原则 利用式（5.12）、式（5.16）和表5.2分别计算正态分布随机变量 X 的数值落入区间 $[\mu-\sigma, \mu+\sigma]$、$[\mu-2\sigma, \mu+2\sigma]$ 和 $[\mu-3\sigma, \mu+3\sigma]$ 的概率，计算过程

如下：

$$P(\mu-\sigma\leqslant X\leqslant\mu+\sigma)=F(\mu+\sigma)-F(\mu-\sigma)$$
$$=\Phi(1)-\Phi(-1)=0.8413-0.1587=0.6826$$
$$P(\mu-2\sigma\leqslant X\leqslant\mu+2\sigma)=F(\mu+2\sigma)-F(\mu-2\sigma)$$
$$=\Phi(2)-\Phi(-2)=0.9773-0.0228$$
$$=0.9545$$
$$P(\mu-3\sigma\leqslant X\leqslant\mu+3\sigma)=F(\mu+3\sigma)-F(\mu-3\sigma)$$
$$=\Phi(3)-\Phi(-3)=0.99865-0.00135=0.9973$$

计算结果用百分数表示，见图 5.5。说明正态分布的随机变量其取值规律为：以平均值为中心，1 倍标准差范围内的概率为 68.26%，2 倍标准差范围内的概率为 95.45%，3 倍标准差范围内的概率为 99.73%。

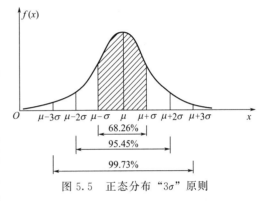

图 5.5　正态分布"3σ"原则

由此可以得出以下重要结论：若质量特性值服从正态分布，那么在以平均值为中心的 $\pm3\sigma$ 范围内包含了 0.9973 的质量特性值，几乎 100% 地描述了质量特性值的总体分布规律，这就是所谓的"3σ"原则。在实际问题的研究中，已知研究对象总体服从（或近似服从）正态分布，就不必从 $-\infty$ 到 $+\infty$ 的无限范围去分析，只需着重分析 $\mu\pm3\sigma$ 的有限范围就可以了。

5.3　生产过程的质量状态与工序能力

以预防为主是一种主动管理方式，生产过程质量控制的主要目的在于保证工序能始终处于受控状态，稳定持续地生产合格品。为此，可以通过生产过程中获取的质量数据，结合技术标准确定的公差（公差上限、公差下限及公差带）判断生产过程的质量状态，定量计算工序能力指数，并对工序做出评价，以便改进质量管理。

5.3.1　生产过程的质量状态

依据质量特性值中的平均值 μ 和标准差 σ 的变化情况，生产过程中的质量状态可表现为受控状态和失控状态两种形式。

（1）受控状态　受控状态也称稳定生产状态，其平均值 μ 和标准差 σ 不随时间变化，且在质量规格范围内（公差范围内）——无不合格品出现。

处于稳定生产状态下的工序应该具备如下条件：原材料或上一道工序半成品按照标准要求供应；本工序按作业标准实施，并应在影响工序质量各主要因素无异常的条件下进行；工序完成后，产品质量检测应按标准进行。

（2）失控状态　失控状态表现之一，就是平均值 μ 和标准差 σ 不随时间变化，但不符合质量规格要求，即超出了公差界限（上限或下限），出现不合格品，这是一种假稳定状态。这种情况属于有系统性原因影响，需要找出原因，采取相应措施，使其回归正常范围内。

失控状态表现之二，则是平均值 μ 和标准差 σ 其中之一或两者随时间变化，且不符合质量规格要求，属于不稳定状态。这种情况仍然有系统性原因影响，同样需要找出原因，采取相应措施，使其处于受控状态。

不论是何种形式的失控状态，都表示存在导致质量失控的系统性因素。工序控制的基本要求是：一旦发现工序质量失控，就应立即查明原因，采取措施，使生产过程尽快恢复到受控状态，尽可能减少因失控所造成的质量损失。企业质量管理的目的，就是要使生产过程处于受控状态，稳定地生产合格产品。

5.3.2　工序能力的基本概念

工序能力是工序在稳定状态时所具有的保证产品质量的能力。工序能力受工序中的4M1E因素综合影响和制约，表现在产品质量是否稳定、产品质量精度是否足够两个方面。

当确认工序能力可以满足精度要求的条件下，工序能力是以该工序产品质量特性值的变异或波动来表示的。产品质量的变异可以用频数分布表、直方图、分布的定量值以及分布曲线来表示。在稳定生产状态下，影响工序能力的偶然因素的综合结果近似服从正态分布。为了便于工序能力的量化，可以用"3σ"原则来确定其分布范围：当分布范围取 $\mu \pm 3\sigma$ 时，产品质量合格的概率可达 99.73%，接近 100%。因此以 $\pm 3\sigma$，即 6σ 为标准来衡量工序的能力是具有足够的精确度和良好的经济特性的。所以在实际计算中就用 6σ 的波动范围来定量描述工序能力，波动范围越大，工序能力越低；波动范围越小，工序能力越高。记工序能力为 B，则 $B = 6\sigma$。

显然，在工序能力定量表达式 $B = 6\sigma$ 中，标准差 σ 是关键参数，σ 越大，则工序能力越低；反之，σ 越小，则工序能力越高。因此，提高工序能力的重要途径之一，就是尽量减小 σ，使质量特性值的离散程度变小，在实际工程中也就是提高施工精度。

工序能力测试和分析的意义，体现在如下三个方面。

第一，工序能力的测试和分析是保证产品质量的基础工作。因为只有掌握了工序能力，才能控制制造过程的符合性质量。如果工序能力不能满足产品设计的要求，那么质量控制就无从谈起，所以说工序能力调查、测试分析是现场质量管理的基础工作，是保证产品质量的基础。

第二，工序能力的测试分析是提高工序能力的有效手段。因为工序能力是由各种因素造成的，所以通过工序能力的测试分析，可以找到影响工序能力的主导性因素。因此，可通过改进工艺、改进设备、提高操作水平、改善环境条件、制定有效的工艺方法和操作规程、严格工艺纪律等来提高工序能力。

第三，工序能力的测试分析为质量改进找出方向。因为工序能力是指加工过程的实际质量状态，它是产品质量保证的客观依据，通过工序能力的测试，为设计人员和工艺提供关键的工序能力数据，可以作为产品设计、签订合同的参考。同时通过工序能力的主要问题，为提高加工能力、改进产品质量找到改进方向。

5.3.3　工序能力指数

工序能力是表示生产过程中客观存在的质量分散的一个参数，但是该参数能否满足产品的技术要求，仅从它本身还难以看出。因此，还需另一个参数来反映工序能力满足产品技术要求（公差、产品规格、工艺规范等质量标准）的程度，它就是工序能力指数。工序能指数是技术要求和工序能力的比值，即工序能力指数＝技术要求/工序能力。

（1）工序能力指数的定义 如图 5.6 所示，质量标准规定的公差下限为 T_L（低于该限值者为不合格）、公差上限为 T_U（超过该限值者亦为不合格），则产品合格范围（区间）的大小称为公差带 T，如式（5-17）所示。

$$T = T_U - T_L \qquad (5.17)$$

公差中心 M 为：

$$M = (T_U + T_L)/2 \qquad (5.18)$$

工序能力指数用符号 C_p 表示，则有

$$C_p = \frac{技术要求}{工序能力} = \frac{T}{6\sigma} \qquad (5.19)$$

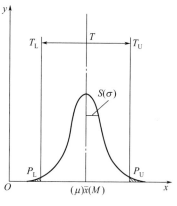

图 5.6 公差限、
公差带与公差中心

（2）工序能力指数的评价 工序能力指数 C_p 值的水平需要有一个判断准则，通常是根据实际情况综合考虑质量保证要求、成本等方面的因素来制定的，一般情况下见表 5.3。应当指出，所谓工序能力不足或过高，都是对特定生产制造过程、特定产品的特定工序而言的，不应当理解为统一的模式。

表 5.3 工序能力指数的评价

工序能力指数	工序能力等级	工序能力评价	管理措施要点
$C_p > 1.67$	特级	工序能力过高	应放宽管理或降低成本
$1.33 < C_p \leq 1.67$	一级	工序能力足够	非重要工序,可放宽检查
$1.00 < C_p \leq 1.33$	二级	工序能力尚可	仍然需要严管,否则会出现不合格产品
$0.67 < C_p \leq 1.00$	三级	工序能力不足	应采取措施予以提高
$C_p \leq 0.67$	四级	工序能力太低	不可接受,应停工整顿

如果以工序能力等级为一级作为工序质量控制标准，就可以保证不出现不合格品；若以二级作为工序质量控制目标，则有可能出现不合格产品。工程施工时，工序能力等级应避免三级，杜绝四级。

（3）工序能力指数计算 根据质量分布中心和公差要求不同，分三种情况计算工序能力指数及相应的产品不合格品率 p。

① 双向公差要求，质量分布中心与公差中心重合（$\mu = M$ 或 $\bar{x} = M$）的情况。

这种情况下（图 5.6）的工序能力指数可按定义式（5.19）进行计算，其中标准差根据具体情况可采用总体值，也可采用样本值，如式（5.20）所示。

$$C_p = \frac{T}{6\sigma} = \frac{T}{6S} \qquad (5.20)$$

根据正态分布，可以计算出超出公差上限 T_U 的不合格品率 P_U 和超出公差下限 T_L 的不合格品率 P_L，由对称关系应有 $P_U = P_L$，所以产品的不合格品率为：

$$p = P_U + P_L = 2P_L = 2\Phi\left(\frac{T_L - \mu}{\sigma}\right) = 2\Phi\left(\frac{T_L - \bar{x}}{S}\right) \qquad (5.21)$$

【例 5.8】 某零件直径尺寸公差为 $\Phi 20^{+0.025}_{-0.010}$，加工 100 件实测直径，计算得到算数平均值 $\bar{x} = 20.0075\text{mm}$，标准差 $S = 0.0050\text{mm}$，求工序能力指数 C_p；评价工序能力，并计

算该工序产品的不合格品率。

【解】 因为公差中心

$$M=(T_U+T_L)/2=(20.025+19.990)/2=20.0075(\text{mm})$$
$$=\overline{x}=20.0075(\text{mm})$$

所以质量分布中心与公差中心重合，则

$$C_p=\frac{T}{6S}=\frac{T_U-T_L}{6S}=\frac{20.025-19.990}{6\times0.0050}=1.17$$

对照表 5.3 可知，$1.00<C_p=1.17<1.33$，工序能力等级为二级，工序能力尚可。

该工序的不合格品率为

$$p=2\Phi\left(\frac{T_L-\overline{x}}{S}\right)=2\Phi\left(\frac{19.990-20.0075}{0.0050}\right)$$
$$=2\Phi(-3.5)=2\times0.00023=0.00046$$

② 双向公差要求，质量分布中心与公差中心不重合（$\mu\neq M$ 或 $\overline{x}\neq M$）的情况。

当质量分布中心和公差中心不重合时，必定发生偏移，如图 5.7 所示。偏移量用 E 表示，则有 $E=M-\mu$ 或 $E=M-\overline{x}$，其值为正说明质量分布中心向左偏移，其值为负则表明质量分布中心向右偏移。定义偏移系数 k：

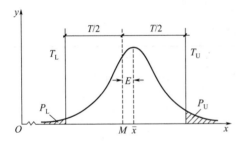

图 5.7 质量分布中心与公差中心不重合

$$k=\frac{|E|}{T/2} \tag{5.22}$$

考虑偏移影响的工序能力指数用 C_{pk} 表示，可按式（5.23）近似计算：

$$C_{pk}=(1-k)C_p \tag{5.23}$$

表 5.3 中的工序能力等级和工序能力评价，对 C_{pk} 同样适用。

根据正态分布，可以计算出超出公差上限 T_U 的不合格品率 P_U 和超出公差下限 T_L 的不合格品率 P_L，产品的不合格品率为：

$$p=P_U+P_L=1-\Phi\left(\frac{T_U-\overline{x}}{S}\right)+\Phi\left(\frac{T_L-\overline{x}}{S}\right) \tag{5.24}$$

【例 5.9】 某零件直径尺寸公差为 $\Phi20^{+0.025}_{-0.010}$，加工 100 件以后，得到 $\overline{x}=20.010\text{mm}$，标准差 $S=0.0045\text{mm}$，求工序能力指数、评价工序能力，并计算该工序产品的不合格品率。

【解】 因为公差中心

$$M=(T_U+T_L)/2=(20.025+19.990)/2=20.0075(\text{mm})$$
$$<\overline{x}=20.010\text{mm}$$

所以质量分布中心与公差中心不重合，需要考虑偏移影响。

$$E=M-\overline{x}=20.0075-20.010=-0.0025(\text{mm})$$
$$T=T_U-T_L=20.025-19.990=0.035(\text{mm})$$
$$k=\frac{|E|}{T/2}=\frac{0.0025}{0.035/2}=0.143$$
$$C_p=\frac{T}{6S}=\frac{0.035}{6\times0.0045}=1.296$$

因此，由式（5.23）得

$$C_{pk} = (1-k)C_p = (1-0.143) \times 1.296 = 1.11$$

对照表 5.3 可知，$1.00 < C_{pk} = 1.11 < 1.33$，工序能力等级为二级，工序能力尚可。

该工序的不合格品率为

$$p = 1 - \Phi\left(\frac{T_U - \bar{x}}{S}\right) + \Phi\left(\frac{T_L - \bar{x}}{S}\right)$$

$$= 1 - \Phi\left(\frac{20.025 - 20.010}{0.0045}\right) + \Phi\left(\frac{19.990 - 20.010}{0.0045}\right)$$

$$= 1 - \Phi(3.33) + \Phi(-4.44)$$

$$= 1 - 0.99957 + 0 = 0.00043$$

③ 单向公差情况。有些情况下，质量标准只规定单向的界限，例如工程材料强度、产品寿命、可靠性等，要求不低于某个下限值，而对上限却不做要求，如图 5.8（a）所示；而有时又只有上限要求，例如设备噪声、产品的形位公差（同心度、平行度以及垂直度等）、原材料所含杂质等，其下限越小越好，只要规定一个上限就可以了，如图 5.8（b）所示。对于单向公差，质量分布中心就不应偏向公差界限一侧，以免出现超出公差限的不合格。若规定公差下限，往往同时规定质量分布中心的下限；反之，若规定公差上限，通常会给出质量分布中心的上限。

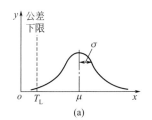 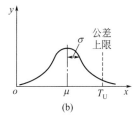

图 5.8 单向公差

例如，《混凝土强度检验评定标准》（GB/T 50107—2010）规定：当样本容量 $n \geqslant 10$ 时，若样本强度平均值 $\bar{x}$ 和最小值 x_{min} 同时满足式（5.25）和式（5.26），则混凝土强度评定合格，否则为不合格。

$$\bar{x} \geqslant f_{cu,k} + \lambda_1 S \tag{5.25}$$

$$x_{min} \geqslant T_L = \lambda_2 f_{cu,k} \tag{5.26}$$

式中 $f_{cu,k}$——混凝土立方抗压强度标准值，即强度等级 C 后面的数值；

T_L——公差下限；

S——样本标准差，当 $S < 2.5 \text{N/mm}^2$ 时，取 $S = 2.50 \text{N/mm}^2$；

λ_1——合格评定系数，当 $n = 10 \sim 14$ 时 $\lambda_1 = 1.15$，当 $n = 15 \sim 19$ 时 $\lambda_1 = 1.05$，当 $n \geqslant 20$ 时 $\lambda_1 = 0.95$；

λ_2——合格评定系数，当 $n = 10 \sim 14$ 时 $\lambda_2 = 0.90$，当 $n \geqslant 15$ 时 $\lambda_2 = 0.85$。

要求单向公差情况的工序能力指数，可将式（5.19）进行如下改造

$$C_p = \frac{T}{6\sigma} = \frac{T_U - T_L}{6\sigma} = \frac{T_U - \mu}{6\sigma} + \frac{\mu - T_L}{6\sigma}$$

因为正态分布是对称分布，质量分布中心与公差中心重合时（图 5.6），所以有

$$T_U - \mu = \mu - T_L$$

只有下限要求时的工序能力指数：

$$C_{pL}=2\times\frac{\mu-T_L}{6\sigma}=\frac{\mu-T_L}{3\sigma}=\frac{\overline{x}-T_L}{3S} \tag{5.27}$$

只有上限要求时的工序能力指数：

$$C_{pU}=2\times\frac{T_U-\mu}{6\sigma}=\frac{T_U-\mu}{3\sigma}=\frac{T_U-\overline{x}}{3S} \tag{5.28}$$

同样可以计算工序的不合格品率。

【例5.10】 某建筑工地浇筑 C40 混凝土，质量管理人员从现场取得 50 组试样，由试验数据分析得到抗压强度平均值、标准差和最小值分别为：$\overline{x}=46.2\text{N/mm}^2$，$S=2.80\text{N/mm}^2$，$x_{min}=37.1\text{N/mm}^2$。试评定混凝土的强度，并求工序能力指数。

【解】 样本容量 $n=50$，C40 混凝土的强度标准值 $f_{cu,k}=40\text{N/mm}^2$。

（1）评定强度

$$\overline{x}=46.2\text{N/mm}^2>f_{cu,k}+\lambda_1 S=40+0.95\times2.80=42.7(\text{N/mm}^2)$$

$$x_{min}=37.1\text{N/mm}^2>T_L=\lambda_2 f_{cu,k}=0.85\times40=34.0(\text{N/mm}^2)$$

混凝土强度合格。

（2）工序能力指数 材料强度属于单侧公差，且公差下限 $T_L=34.0\text{N/mm}^2$，由式（5.27）得

$$C_{pL}=\frac{\overline{x}-T_L}{3S}=\frac{46.2-34.0}{3\times2.80}=1.45，工序能力足够。$$

【例5.11】 某液体原料在制成中要求单位体积含某种杂质不能高于 $10.0\mu g$。试验人员根据随机抽样的样本检测得 $\overline{x}=5.0\mu g$，$S=1.2\mu g$，试求工序能力指数。

【解】 单侧公差，已知公差上限 $T_U=10.0\mu g$，由式（5.28）得

$$C_{pU}=\frac{T_U-\overline{x}}{3S}=\frac{10.0-5.0}{3\times1.2}=1.39，工序能力足够。$$

5.4 工程质量统计分析方法

全面质量管理典型的模式可以用十六个字概况为"一个过程，四个阶段，八个步骤，七种工具"。所谓的七种工具，就是质量管理中最常用的七种统计分析方法，即调查表法、分层法、因果分析图法、相关图法、排列图法、直方图法和控制图法。限于篇幅，这里重点介绍排列图法、直方图法和控制图法三种方法或工具，其余四种方法或工具仅作简介。

5.4.1 排列图法

1897 年意大利经济学家帕累托（Pareto，1848—1923）分析社会经济结构，发现 80% 的财富掌握在 20% 的人手里，后被称为"帕累托法则"。1907 年美国经济学家劳伦兹使用累积分配曲线描绘了帕累托法则，被称为"劳伦兹曲线"。1930 年美国质量管理专家朱兰博士将劳伦兹曲线应用于质量管理，后来发展成排列图法，从而成为统计质量管理的七大方法之一。排列图法，又称主次因素分析法、帕累托图法，它是找出影响产品质量主要因素的一种简单而有效的图表方法。

排列图是根据"关键的少数和次要的多数"的原理而绘制的，也就是将影响产品质量的众多影响因素按其对质量影响程度的大小，用直方图形顺序排列，从而找出主要因素。其结构是由两个纵坐标和一个横坐标、若干个直方形和一条折线构成，如图 5.9 所示。左侧纵坐标表示不合格品出现的频数（次数），右侧纵坐标表示不合格品出现的累计频率（用百分数表示），横坐标表示影响质量的各种因素或项目，按影响程度大小从左至右依次排列，直方形高度表示相应因素的影响程度（即出现频数），折线表示累计频率（也称帕累托曲线）。通常累计频率将影响因素分为三类（ABC 分类法）：占 0%～80% 为 A 类因素，也就是主要因素；80%～90% 为 B 类因素，是次要因素；90%～100% 为 C 类因素，

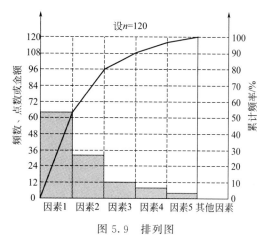

图 5.9　排列图

即一般因素。因为 A 类因素占存在问题的 80%，所以此类因素解决了，质量问题大部分就得到了解决。

（1）排列图的作法　第一步，准备工作。首先，应收集某项质量不合格的影响因素和对应点数（频数、次数），并将不合格点数少的因素归入"其他因素"；其次，按不合格点的频数由大到小顺序排列各因素，其他因素排在最后：因素 1、因素 2、…、其他因素；最后，以全部不合格点数为总数，计算各因素的频率和累计频率。

第二步，绘制排列图。绘制排列图的工作包括以下五个方面：

① 画横坐标。将横坐标按归类后的因素的总数目等分，并按频数由大到小顺序从左至右排列，图 5.9 所示横坐标分为六等分。

② 画纵坐标。左侧纵坐标表示不合格的频数或点数（若用于经济分析则为金额），右侧纵坐标表示累计频率。要求总频数对应累计频率 100%。图 5.9 所示左侧坐标 120 应与右侧坐标 100% 在一条水平线上。

③ 画频数直方形。以频数为高画出各因素的直方形。

④ 画累计频率曲线。从横坐标左端点开始，依次连接各因素直方形右边线和所对应的累计频率值的交点，所得的曲线（折线）即为累计频率曲线。

⑤ 记录必要事项。如标题、收集数据的方法和时间等。

（2）分析排列图　观察直方形的高矮，就可以大致看出各因素的影响程度。排列图中的每一个直方形都表示一个质量问题或影响因素，而影响程度与各直方形的高度成正比。

利用 ABC 分类法，确定主次因素。将累计频率曲线按 0%～80%、80%～90% 和 90%～100% 分为三部分，各部分曲线下所对应的影响因素分别为 A、B、C 三类因素。在图 5.9 中，因素 1 和因素 2 为 A 类因素，即主要因素；因素 3 为 B 类因素，即次要因素；因素 4、因素 5 和其他因素为 C 类因素，即一般因素。

（3）排列图的应用　排列图可以形象、直观地反映主次因素，适用于计数值统计，帮助我们抓住关键的少数及有用的多数。其主要应用有：

① 按不合格点的内容分类，可以分析出造成质量问题的薄弱环节。

② 按生产作业分类，可以找出生产不合格品最多的关键过程。

③ 按生产班组或单位分类，可以分析比较各班组或单位的技术水平和质量管理水平。

④ 将采取提高质量措施前后的排列图对比，可以分析措施是否有效。

⑤ 此外，排列图还可以用于成本费用分析、安全问题分析等。

5.4.2 直方图法

直方图又称为质量分布图、柱状图，它是用横坐标表示质量特性值，纵坐标表示频数或频率值，各组频数或频率的大小用直方形高度表示的图形，如图 5.10 所示。根据纵坐标的不同，直方图可以分为频数分布直方图和频率分布直方图。

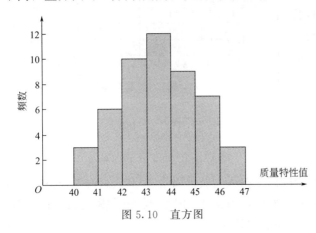

图 5.10　直方图

所谓直方图法，就是将收集到的质量数据进行分组整理，绘制成频数分布直方图，用以描述质量分布状态的一种分析方法，所以又称为质量分布图法。通过对直方图的观察与分析，可了解产品质量的波动情况，掌握质量特性的分布规律，以便对质量状况进行分析判断。同时，可通过质量数据特征值的计算，估算施工过程总体的不合格品率，评价过程能力等。

（1）直方图的作法　直方图是质量特性数据分布的精确图形表示，是对一个连续变量（计量值）的概率分布的估计。绘制直方图可按下列步骤进行：

第一步，收集整理数据。采用随机抽样的方法获得质量特性数据，通常要求数据量（或样本容量）在 50 个及以上。

第二步，计算极差。极差 R 是数据最大值和最小值之差，即 $R = x_{\max} - x_{\min}$。

第三步，对数据分组。需要确定组数 k、组距 h 和组限。

① 确定组数 k。确定组数的原则是分组的结果能正确地反映质量数据的分布规律。组数过少，会掩盖数据的分布规律；但组数过多，会使数据过于零乱分散，也不能显示出质量分布状况。组数 k 的取值应根据数据多少来确定，一般可参考表 5.4 的经验数值确定。

表 5.4　数据分组参考值

数据总数 n	50～100	100～250	250 以上
适当的分组数 k	6～10	7～12	10～20

② 确定组距 h。组距是组与组之间的间隔，也就是一个组的范围。一般分组是按组距相等的原则进行的，于是 $R \approx hk$ 或 $h \approx R/k$。组数、组距的确定应结合极差综合考虑，并适当调整，还要注意组距的数值尽量取整，使分组结果能包括全部变量值。

③ 确定组限。每组的最大值为上限，最小值为下限，上、下限统称组限。确定组限时应注意使各组之间连续，即较低组上限应为相邻较高组下限，这样才不致使有的数据被遗漏。对于恰恰处于组限值上的数据，可采用就低不就高的办法解决——下限计入组内而上限

不计入组内，或采用就高不就低的方式处理——上限计入组内而下限不计入组内。

第一组下限 $= x_{min} - h/2$，第一组上限 $=$ 第一组下限 $+h$；

第二组下限 $=$ 第一组上限，第二组上限 $=$ 第二组下限 $+h$；

第三组下限 $=$ 第二组上限，第三组上限 $=$ 第三组下限 $+h$；

第四组下限 $=$ 第三组上限，第四组上限 $=$ 第四组下限 $+h$；

……

第四步，编制数据频数统计表。根据收集到的质量数据统计各组频数，频数总和应等于全部数据个数。

第五步，绘制频数分布直方图。横坐标表示质量特性值，标出各组的组限值；纵坐标为频数，按比例标注频数值。依据频数统计表的结果，画出以组距为底、频数为高的 k 个直方形，便得到所需的频数直方图。为了分析方便，有时还在图上画出质量标准规定的公差下限 T_L、公差上限 T_U 和公差带 T。

【例 5.12】　某建筑工地浇筑 C30 混凝土，为对其抗压强度进行质量分析，管理人员共收集了 50 份立方抗压强度试验报告单，经整理如表 5.5 所示。试做混凝土强度分布直方图，并根据试验数据做进一步分析。

表 5.5　例 5.12 数据整理表　　　　　　　　　　　　　　N/mm^2

序号	混凝土立方抗压强度										最大值	最小值
1	39.8	42.3	37.7	37.5	33.8	35.5	31.5	39.3	36.1	37.3	42.3	31.5
2	37.2	35.9	38.0	42.4	33.1	41.8	39.0	36.3	36.0	36.2	42.4	33.1
3	35.8	46.2	35.2	37.6	31.8	38.3	37.1	39.7	34.0	38.0	46.2	31.8
4	39.9	36.4	34.3	38.3	33.2	43.4	40.4	38.2	41.2	38.0	43.4	33.2
5	39.2	44.4	35.4	42.0	34.4	37.9	38.1	38.4	40.3	39.5	44.4	34.4

【解】　由表 5.5 可知：$x_{max} = 46.2 \text{N/mm}^2$，$x_{min} = 31.5 \text{N/mm}^2$，则极差为

$$R = x_{max} - x_{min} = 46.2 - 31.5 = 14.7 (\text{N/mm}^2)$$

参照表 5.4 取组数 $k=8$，组距应满足条件

$$h = R/k = 14.7/8 = 1.84 (\text{N/mm}^2)，取整 h = 2 (\text{N/mm}^2)。$$

确定组限（N/mm^2）：

第一组下限 $= x_{min} - h/2 = 31.5 - 2/2 = 30.5$

第一组上限 $=$ 第二组下限 $=$ 第一组下限 $+h = 30.5 + 2 = 32.5$

其余各组上限分别为 34.5、36.5、38.5、40.5、42.5、44.5 和 46.5，分组结果覆盖了全部数据。

对于处于组限上的数据采用就低不就高的方法来解决，统计各组频数，结果见表 5.6。

表 5.6　例 5.12 频数统计结果

序　号	1	2	3	4	5	6	7	8	合计
组限/(N/mm^2)	30.5~32.5	32.5~34.5	34.5~36.5	36.5~38.5	38.5~40.5	40.5~42.5	42.5~44.5	44.5~46.5	
频数	2	6	10	15	9	5	2	1	50

依据表 5.6 的统计结果，做混凝土强度分布直方图，如图 5.11 所示。公差下限 $T_L = \lambda_2 f_{cu,k} = 0.85 \times 30 = 25.5 (\text{N/mm}^2)$。混凝土强度虽然有波动，但是存在集中趋势，在 36.5~

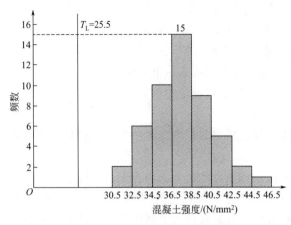

图 5.11　混凝土强度分布直方图

38.5 范围内的试块最多，可把该范围视为样本质量数据的分布中心，左右基本对称，随着强度的逐渐增大和逐渐减小，分布数据逐渐减少，近似于正态分布，质量分布状态正常，而且样本强度值都在公差下限以内，无不合格品（试块），且离公差下限还有余地，说明生产过程处于正常的稳定状态。

根据表 5.5 提供的数据，经计算得到样本平均值 $\overline{x} = 37.9\text{N/mm}^2$，标准差 $S = 3.1\ \text{N/mm}^2$，则工序能力指数为：

$$C_{\text{pL}} = \frac{\overline{x} - T_{\text{L}}}{3S} = \frac{37.9 - 25.5}{3 \times 3.1} = 1.33，工序能力尚可。$$

可以根据已有数据对混凝土强度进行评定：

$$\overline{x} = 37.9\text{N/mm}^2 > f_{\text{cu,k}} + \lambda_1 S = 30 + 0.95 \times 3.1 = 32.9(\text{N/mm}^2)$$

$$x_{\min} = 31.5\text{N/mm}^2 > T_{\text{L}} = \lambda_2 f_{\text{cu,k}} = 0.85 \times 30 = 25.5(\text{N/mm}^2)，混凝土强度合格。$$

进一步，还可由样本数据推断总体的不合格率：

$$p = P_{\text{L}} = \Phi\left(\frac{T_{\text{L}} - \overline{x}}{S}\right) = \Phi\left(\frac{25.5 - 37.9}{3.1}\right) = \Phi(-4.0) \approx 0$$

该建筑工地 C30 混凝土浇筑质量全部合格。

（2）直方图的应用之一：判断质量分布状态　因为样本质量数据服从或近似服从正态分布，所以可由直方图的形状判断质量分布状态。如果绘制的直方图形状表现为中间高、两侧低、左右接近对称，近似为正态分布的图形，则属于正常型直方图，如图 5.12（a）所示；否则为非正常型直方图。对于正常型直方图而言，其所对应的质量分布状态也属正常。

出现非正常型直方图时，表明生产过程或收集数据作图有问题。这就需要进一步分析判断，找出原因，从而采取有效措施加以纠正。凡属非正常型直方图，其图形的形状有各种不同缺陷，归纳起来有五种类型，如图 5.12（b）～（f）所示，依次为折齿型、缓坡型、孤岛型、双峰型和绝壁型。

非正常型直方图的类型不同，其产生原因不同，应采取不同的纠正措施：①折齿型是由于分组不当或者组距确定不当出现的直方图；②缓坡型主要是操作中对上限或下限控制太严造成的，若上限控制过严则出现左缓坡型，若下限控制过严则出现右缓坡型；③孤岛型是原材料发生变化，或者他人临时顶班作业造成的；④双峰型是由于采用两种不同方法或两台设备或两组工人进行生产，而后把两方面数据混在一起整理产生的；⑤绝壁型是由于数据收集不正常，可能有意识地去掉下限以下（或上限以上）的数据，或是在检测过程中存在某种人为因素所造成的。

（3）直方图的应用之二：判断实际生产过程能力　通过直方图显示的实际质量特性分布范围 B 与质量标准中规定的公差带 T（公差上限 T_{U} 与公差下限 T_{L} 之差）的比较，以及质量分布中心 μ 与公差中心 M 是否重合或偏离的程度，可以判断实际生产过程能力。正常型直方图与质量标准相比较，一般有如图 5.13 所示的六种情况。

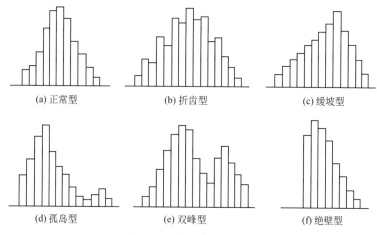

图 5.12　常见直方图形式

第一种情况：如图 5.13（a）所示。质量分布中心与公差中心基本重合，B 在 T 中间（$T > B$），且实际质量分布与质量标准相比较两侧还有一定余地。此生产过程处于正常的稳定状态，工序能力足够，生产出来的产品全都是合格品。

第二种情况：如图 5.13（b）所示。质量分布中心与公差中心不重合，尽管 B 在 T 中间（$T > B$），但生产状态一旦发生变化，质量分布中心就可能继续偏移，甚至超出质量标准下限而出现不合格产品。出现这种情况时，应迅速采取措施，使直方图移到中间来（提高平均值）。

第二种情况：如图 5.13（c）所示。质量分布中心与公差中心基本重合，B 在 T 中间，但两者很接近（$T \simeq B$），没有余地，生产过程只要发生较小的变化，产品的质量特性值就可能超出质量标准，出现不合格的概率较大。出现这种情况时，必须立即采取措施，以缩小质量分布范围（减小标准差）。

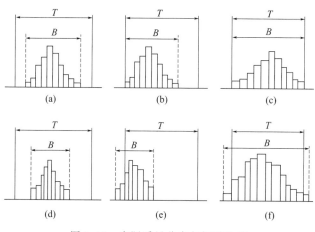

图 5.13　实际质量分布与标准比较

第四种情况：如图 5.13（d）所示。质量分布中心与公差中心偏移较小，B 在 T 中间，但 $T \gg B$，两边余地太大，说明工序能力过高，加工过于精细，不经济。在这种情况下，可以对原材料、设备、工艺、操作等控制要求适当放宽些，有目的地使 B 扩大，从而有利于降低成本。

第五种情况：如图 5.13（e）所示。质量分布中心与公差中心偏移较大，虽然 $T > B$，

但是质量分布范围 B 已超出质量标准下限之外，说明样本中已出现不合格品。此时必须采取有效措施进行调整，使质量分布位于标准限定范围内（使质量分布中心接近于公差中心）。

第六种情况：如图 5.13（f）所示。质量分布范围完全超出了质量标准上、下界限，离差太大，产生了许多不合格品，说明过程能力严重不足。应采取有效措施提高过程能力，使质量分布范围 B 缩小（减小标准差）。

5.4.3 控制图法

控制图又称管理图，是对过程质量特性进行测定、记录、评估，从而监察过程是否处于控制状态的一种用统计方法设计的图——在直角坐标系内画有控制界限，描述生产过程中产品质量波动状态的图形。利用控制图区分质量波动原因，判明生产过程是否处于稳定状态的方法称为控制图法。

世界上第一张控制图是由美国质量管理专家休哈特于 20 世纪 20 年代提出并绘制的不合格品率 p 控制图。随着控制图的诞生，它就一直成为科学管理的一个重要工具，在世界范围内被广泛采用。

（1）控制图的基本形式和用途 控制图的基本形式如图 5.14 所示，横坐标为样本序号或抽样时间，纵坐标为被控制的对象，即被控制的质量特性值。

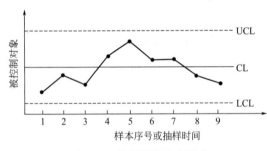

图 5.14 控制图的基本形式

图上有三条平行于横轴的直线：上面的一条虚线称为上控制界限，用符号 UCL 表示；下面的一条虚线称为下控制界限，用符号 LCL 表示；中间的一条实线称为中心线，用符号 CL 表示。UCL、CL、LCL 统称为控制线，通常上、下控制界限设定在中心线 $\pm 3\sigma$ 的位置。中心线标志着质量特性值分布的中心位置，上下控制界限标志着质量特性值的允许波动范围。

在生产过程中随机抽样取得检测数据，将样本统计量在图上描点，形成控制图。如果图中的点子随机地落在上、下控制界限内，则表明生产过程正常，处于稳定状态，不会产生不合格品；如果点子超出控制界限，或其排列有缺陷，则表明生产条件发生了异常变化，生产过程处于失控状态。

控制图是用样本数据来分析判断生产过程是否处于稳定状态的有效工具或方法。它的主要用途有两个：一是过程分析，二是过程控制。

① 过程分析，即分析生产过程是否稳定。在随机连续收集质量数据、绘制控制图的基础上，通过观察数据点的分布情况，判断生产过程所处状态。

② 过程控制，即控制生产过程质量状态。为达此目的，要定时抽样取得质量数据，将其变为点子描在图上，发现并及时消除生产过程中的异常现象，预防不合格品的产生。

排列图和直方图是质量管控的静态分析方法，反映的是产品质量在某一段时间里的静止状态。控制图是质量管控的动态分析方法，反映的是生产过程中产品质量的变化情况，能及时发现问题并采取相应措施，使生产处于稳定状态，起到预防出现不合格品的作用。

（2）控制图的种类 按用途不同控制图可分为分析用控制图和管理（或控制）用控制图两类：

① 分析用控制图。主要是用来调查分析生产过程是否处于稳定状态，属于静态分析。绘制分析用控制图时，需要连续抽取 20～25 组样本数据，计算控制界限。

② 管理（或控制）用控制图。主要用来控制生产过程，使之经常保持在稳定状态下，属于动态分析。当根据分析用控制图判明生产处于稳定状态时，一般都是把分析用控制图的控制界限延长作为管理用控制图的控制界限，并按一定时间间隔取样、计算、描点，根据点子分布情况，判断生产过程中是否存在异常现象。

按质量数据特点来分，控制图又可分为计量值控制图和计数值控制图两类：

① 计量值控制图。计量值属于连续型随机变量，质量特性值服从正态分布。质量管理中采用的计量值控制图有：平均值-极差控制图、平均值-标准差控制图、中位数-极差控制图、单值-移动极差控制图。计量值控制图对系统性原因的存在反应敏感，具有及时查明并消除异常的明显作用，其效果比计数值控制图显著。

② 计数值控制图。计数值控制图是以不合格品数、不合格品率、缺陷数等质量特性值作为控制的对象，又可分为计件值控制图和计点值控制图。计件值随机变量服从二项分布，控制图有不合格品率控制图和不合格品数控制图；计点值随机变量服从泊松分布，控制图有缺陷数控制图和单位缺陷数控制图。

（3）控制图应用——稳定状态判定条件　控制图上的点子是随机抽取的样本经质量检测后所得的质量特性参数绘制的，能够反映生产过程（总体）的质量分布状态。当控制图同时满足以下两个条件时，就可以被认为生产过程基本上处于稳定状态：

① 点子几乎全部落在控制界限以内。所谓的"几乎全部"是指连续 25 点以上处于控制界限以内；连续 35 点中仅有 1 点超出控制界限；连续 100 点中不多于 2 点超出控制界限。

② 控制界限内的点子排列没有缺陷。所谓的"没有缺陷"是指点子的排列是随机的，没有出现异常现象。

如图 5.15 所示的控制图上，所有点子都在控制界限以内，而且排列没有缺陷，可以判断其生产过程处于稳定状态。这时生产过程只有偶然性因素影响，在控制图上的正常表现为：所有样本点都在控制界限之内；样本点均匀分布，位于中心线两侧的样本点约各占 1/2；靠近中心线的样本点约占 2/3；靠近控制界限的样本点极少。

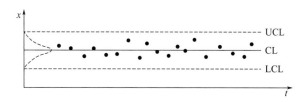

图 5.15　生产过程处于稳定状态的控制图案例

（4）控制图应用——异常情况判定条件　生产过程状态异常或处于失控状态的明显特征是有一部分样本点超出控制界限。除此之外，虽然没有点子出界，但是若点子排列和分布异常，也说明生产过程状态失控。样本点排列和分布异常的情况有如下几种：

① 有多个样本点连续出现在中心线一侧。例如，连续 7 个点或 7 个点以上出现中心线一侧；连续 11 个点至少有 10 个点出现在中心线一侧；连续 14 个点至少有 12 个点出现在中心线一侧；连续 17 个点至少有 14 个点出现在中心线一侧；连续 20 点至少有 16 个点出现在中心线一侧。

② 连续 7 个点上升或下降。

③ 样本点呈现周期性变化。

④ 较多的点接近控制界限或落在警戒区内。所谓"警戒区"是指 $\mu \pm 2\sigma$ 以外和 $\mu \pm 3\sigma$ 以内的区域。有以下三种异常情况：连续 3 个点中有 2 个点落在警戒区内；连续 7 个点中有 3 个点落在警戒区内；连续 10 个点中有 4 个点落在警戒区内。

以上四条中只要符合其中任一条，即使所有点子都在控制界限以内，也应认为生产过程异常，应寻找原因，采取相应措施，使其回到正常状态。

5.4.4 其他方法

工程质量统计分析方法（工具、手段），除了排列图法、直方图法和控制图法三种方法以外，还有调查表法、分层法、因果分析图法和相关图法共四种方法可供选择。

（1）调查表法 统计调查表法又称统计调查分析法，它是利用专门设计的统计表对质量数据进行收集、整理和粗略分析质量状态的一种方法。

在质量管理活动中，利用统计调查表收集数据，简便灵活，便于整理，实用有效。它没有固定格式，可根据需要和具体情况设计出不同统计调查表。常用的有：分项工程作业质量分布调查表、不合格项目调查表、不合格原因调查表、施工质量检查评定用调查表等。

统计调查表往往同分层法结合起来应用，可以更好、更快地找出质量问题的原因，以便采取改进措施。

（2）分层法 分层法又称为分类法，是将调查收集到的原始数据，根据不同目的和要求，按某一性质进行分组、整理的分析方法。分层的结果使数据各层间的差异突出地显示出来，而层内的数据差异减少了。在此基础上再进行层间、层内的比较分析，可以更深入地发现和认识质量问题的原因。

常用的分层（分类）标志或依据有：按操作班组或操作者分层，按使用机械设备的型号分层，按操作方法分层，按原材料供应单位、供应时间或等级分层，按施工时间分层，按检查手段、工作环境等分层。

（3）因果分析图法 因果分析图法是利用因果分析图来系统整理分析某个质量问题（结果）与其产生原因之间关系的有效工具。因果分析图也称特性要因图、树枝图或鱼刺图。

因果分析图的基本形式如图 5.16 所示，它由质量结果（即某个质量问题）、要因（产生质量问题的主要原因）、枝干（一系列箭头线表示不同层次的原因）、主干（直接指向质量结果的水平箭头线）等所组成。

因果分析图的绘制步骤与图中箭头方向恰恰相反，从"结果"反过来找原因。影响质量特性的大原因，通常考虑人员、机械、材料、方法、环境等五大因素；将每一种大原因进一步分解为中原因、小原因和更小原因。对于出现数量多、影响大的关键因素，专门做出标记，以便重点采取措施。图 5.17 所示为某施工单位对混凝土强度不足的因果分析图。

绘制因果分析图并不是目的，而只是手段，是要根据图中所反映的主要原因，制定改进的措施和对策，限期解决问题，

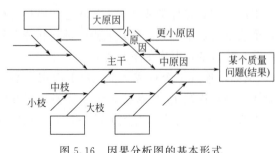

图 5.16 因果分析图的基本形式

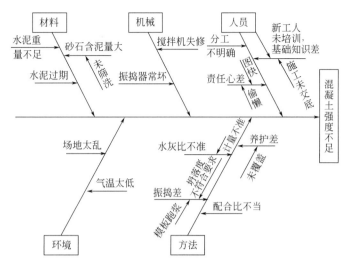

图 5.17　混凝土强度不足的因果分析图

保证产品质量。具体操作时，还应编制一个对策计划表。

（4）相关图法　相关图又称散布图。在质量控制中它是用来显示两种质量数据之间关系的一种图形。质量数据之间的关系有三种类型：质量特性和影响因素之间的关系，质量特性和质量特性之间的关系，影响因素和影响因素之间的关系。

在直角坐标系中，用 x 代表原因的量或较易控制的量，y 代表结果的量或不易控制的量，依据收集得到的质量数据，在坐标系内依次描点，得到由这些质量点表示的散状分布图——散布图。通过绘制散布图，计算相关系数（线性相关）等，分析研究两个变量之间是否存在相关关系，以及这种关系密切程度如何，进而对相关程度密切的两个变量，通过对一个变量的观察控制，去估计控制另一个变量的数值，以达到保证产品质量的目的。这种统计分析方法，称为相关图法。

相关图中点的集合，反映了两种数据之间的散布状况，根据散布状况我们就可以分析两个变量之间的关系。归纳起来，有正相关、弱正相关、不相关、负相关、弱负相关、非线性相关六种类型，如图 5.18 所示。

第一种类型，正相关，如图 5.18（a）所示。散布点基本形成由左至右向上变化的一条直线带，即随 x 增加，y 值也相应增加，说明 x 和 y 之间有较强的制约关系。此时，可通过控制 x 的取值来实现有效控制 y 值的变化。

第二种类型，弱正相关，如图 5.18（b）所示。散布点形成向上较分散的直线带。随 x 值的增加，y 值也有增加趋势，但 x、y 的关系不像正相关那么明确。说明 y 除受 x 影响外，还受其他更重要的因素影响，需要进一步利用因果分析图法分析其他的影响因素。

第三种类型，不相关，如图 5.18（c）所示。散布点形成一团或平行于 x 轴的直线带。说明 x 的变化不会引起 y 值的变化或其变化无规律，分析质量原因时可以排除 x 因素。

第四种类型，负相关，如图 5.18（d）所示。散布点形成由左至右向下的一条直线带，说明 x 对 y 的影响与正相关恰恰相反。

第五种类型，弱负相关，如图 5.18（e）所示。散布点形成由左至右向下分布的较分散的直线带，说明 x 与 y 的相关关系较弱，且变化趋势相反，应考虑寻找影响 y 的其他更重要的因素。

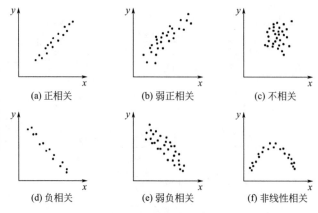

图 5.18　散布图的类型

　　第六种类型，非线性相关，如图 5.18（f）所示。散布点呈现一条曲线带，即在一定范围内 x 增加，y 值也增加；但超过这个范围后，x 增加，y 却有下降趋势。

复习题

5-1　引起产品质量波动或变异的原因是什么？

5-2　质量数据的特性表现在哪些方面？

5-3　样本的标准差如何定义？它和总体的标准差有什么不同？

5-4　对于离散型随机变量，如何区分超几何分布与二项分布？

5-5　正态分布的参数有哪几个？

5-6　简述"3σ"原则，并简要说明在质量管理中如何应用该原则。

5-7　生产过程中的质量状态表现为哪两种形式？

5-8　工序能力和工序能力指数有何不同？

5-9　工序能力测试和分析的意义如何体现？

5-10　若已知工序能力指数 C_p，如何评价工序能力？

5-11　工程质量统计分析方法（工具、手段）有哪些？

5-12　何谓统计调查表法？实践中有哪些常用的调查表？

5-13　若产品质量特性值的变化在质量标准允许范围内波动，则为正常波动，这是由系统性原因所引起的。（正确画√，错误画×）

5-14　影响工程质量的偶然性原因是不可避免、难以测量和把控的，而系统性原因则是容易识别和可以避免的。（正确画√，错误画×）

5-15　质量数据的统计规律性，表现为质量数据的集中趋势和离中趋势两个方面，数据分布可用一个"中间高、两端低、左右对称"的几何图形表示。（正确画√，错误画×）

5-16　质量数据的标准差是大于 0 的正数，其值大说明分布的集中程度高，离散程度也大，均值对总体（样本）的代表性好。（正确画√，错误画×）

5-17　超几何分布的模型是有放回抽样，每次抽取时的总体没有改变，因而每次抽到某物的概率都是相同的，可以看成独立重复试验。（正确画√，错误画×）

5-18　正态分布概率密度函数曲线的特点是：对称性、单峰值、渐进性和双拐点。（正

确画√，错误画×）

5-19　如果质量特性值服从或近似服从正态分布，那么就可以通过平均值 μ 和标准差 σ 的变化控制生产过程状态。（正确画√，错误画×）

5-20　对于工序能力等级的管控，重要工序应按一级控制，一般工序按二级控制，次要工序可按三级控制。（正确画√，错误画×）

5-21　在工序能力指数的计算公式中，因为双侧公差分母系数为 6，而单侧公差分母系数为 3，所以单侧公差情况下的工序能力指数大于双侧公差情况下的工序能力指数。（正确画√，错误画×）

5-22　利用已知的样本均值、标准差和质量标准规定的公差界限，除了可计算工序能力指数以外，还可以估算工序的不合格品率。（正确画√，错误画×）

5-23　观察工序产品质量分布状况，一是看（　　　），二是看分布的离散程度。

　　A. 分布中心位置　　B. 极差　　　　　C. 标准偏差　　　　D. 变异系数

5-24　从影响质量波动的原因看，施工过程中应着重控制（　　　）。

　　A. 偶然性原因　　　B.4M1E 原因　　　C. 系统性原因　　　D. 物的原因

5-25　生产过程处于稳定状态，是由于消除了（　　　）的影响所致。

　　A. 偶然性原因　　　B. 系统性原因　　C. 人员、材料　　　D. 机械设备、方法

5-26　在排列图中，累计频率曲线 80%～90% 部分所对应的影响因素为（　　　）因素。

　　A. 主要　　　　　　B. 次要　　　　　C. 一般　　　　　　D. 其他

5-27　在质量控制中，系统整理分析某个质量问题与其产生原因之间的关系时，可采用（　　　）。

　　A. 排列图法　　　　B. 直方图法　　　C. 控制图法　　　　D. 因果分析图法

5-28　直方图出现绝壁型，是由于（　　　）造成的。

　　A. 分组不当或组距确定不当　　　　　　B. 原材料发生变化

　　C. 操作中对上限控制太严　　　　　　　D. 收集数据不正常或存在某种人为因素

5-29　在统计质量分析方法（工具、手段）中，动态分析方法有（　　　）。

　　A. 排列图法　　　　B. 控制图法　　　C. 因果分析图法　　D. 直方图法

5-30　将直方图与质量标准比较，质量分布中心与质量标准中心（公差中心）重合，样本数据分布与质量标准（公差上限、下限）两边有一定余地，说明（　　　）。

　　A. 生产过程处于正常稳定状态　　　　　B. 加工过于精细、不经济

　　C. 已出现不合格品　　　　　　　　　　D. 过程能力不足

5-31　在排列图中，累计频率曲线 0%～80% 部分所对应的影响因素为（　　　）因素。

　　A. 主要　　　　　　B. 次要　　　　　C. 一般　　　　　　D. 其他

5-32　在质量控制中，要分析判断质量分布状态，应采用（　　　）。

　　A. 相关图法　　　　B. 因果分析图法　　C. 直方图法　　　D. 排列图法

5-33　由抽样检测数据计算得到，某产品加工过程中工序能力指数在 1.45～1.55 区间变动，则其工序能力等级为（　　　）。

　　A. 特级　　　　　　B. 一级　　　　　C. 二级　　　　　　D. 三级

5-34　描述数据集中趋势的特征值有（　　　）。

　　A. 算数平均值　　　B. 中位数　　　　C. 标准偏差

　　D. 极差　　　　　　E. 变异系数

5-35 描述数据离散趋势的特征值有（　　　）。

A. 极差　　　　　　B. 中位数　　　　　　C. 变异系数

D. 算数平均值　　　E. 标准偏差

5-36 控制图的用途是（　　　）。

A. 过程分析　　　　B. 过程控制　　　　　C. 寻找影响质量的主次因素

D. 评价过程能力　　E. 分析判断质量分布状态

5-37 质量控制的静态分析法有（　　　）。

A. 分层法　　　　　B. 排列图法　　　　　C. 因果分析图法

D. 直方图法　　　　E. 控制图法

5-38 生产过程中如出现产品质量数据（　　　），说明生产过程有异常因素影响。

A. 分布中心与公差中心重合，分布范围在公差带以内，即 $B<T$

B. 分布中心发生较大偏移，分布范围 B 不变，一侧已越过公差界限

C. 分布中心与公差中心重合，分布范围充满公差带，即 $B=T$

D. 分布中心和分布范围 B 都发生了较大变化

E. 分布中心向左偏移，分布范围 B 变大

5-39 当控制图同时满足（　　　）时，质量管理人员就可以认为生产过程基本处于稳定状态。

A. 点子几乎全部落在控制界限内　　　　B. 控制界限内的点子排列没有缺陷

C. 多个点子连续出现在中心线一侧　　　D. 连续 7 个点上升或下降

E. 点子呈周期性变化

5-40 控制图上"点子几乎全部落在控制界限内"，是指（　　　）。

A. 连续 25 个点以上处于控制界限内

B. 连续 30 个点仅有 1 个点超出控制界限

C. 连续 35 个点仅有 1 个点超出控制界限

D. 连续 80 个点不多于 2 个点超出控制界限

E. 连续 100 个点不多于 2 个点超出控制界限

5-41 生产过程中获得某工序的 10 个质量数据（mm）如下：33.2，38.3，39.5，34.5，37.2，35.8，36.6，34.3，35.8，36.9。试计算：（1）算数平均值、标准差和变异系数；（2）中位数和极差。

5-42 已知一大塑料袋内装有玩具猫 30 只，其中黑猫 25 只、白猫 5 只。现从袋中随机抽取 3 只猫（无放回），问：（1）抽不到白猫的概率是多少？（2）恰好有 1 只白猫的概率是多少？

5-43 批量很大的一批产品，不合格率 $p=0.02$，现从中随机抽取 15 件样品进行检验。求：（1）样品全部合格的概率；（2）发现有 2 件不合格的概率。分别按二项分布和泊松分布计算，并比较两种算法的结果。

5-44 随机变量 X 服从标准正态分布，求：（1）$P(X\leqslant-2.5)$；（2）$P(X\geqslant3.0)$。

5-45 随机变量 X 服从正态分布：$X\sim N(20，2.5^2)$，求：（1）$P(X\leqslant12.5)$；（2）$P(15\leqslant X\leqslant25)$。

5-46 挂面厂生产的一批挂面，挂面重量服从正态分布，已知每把挂面重量平均值 995g，标准差 7g，质量标准规定为 1000g±30g。试求：（1）该批挂面重量的不合格率；

（2）工序能力指数；（3）评价工序能力。

5-47　已知某产品的一项质量特性数据服从正态分布，其公差标准为 500^{+20}_{-70}，抽样检验得到样本的平均值为 465、标准差 10。试求：（1）绘出该产品总体质量分布图，并标出公差上限、下限、质量中心和公差中心；（2）计算工序能力指数并予以评价。

5-48　某混凝土制品生产厂，现场抽查 800 块预制板，发现存在如下 50 个（处）问题：蜂窝麻面 28 处，局部露筋 13 处，强度不足 5 处，横向裂缝 3 个，纵向裂缝 1 个。试作排列图，找出预制板质量的主要问题。

5-49　某零件加工的尺寸公差标准（95.0±0.5）mm，加工 100 件实测尺寸，共分 7 组，组距为 0.1mm，各组的组限和频数如表 5.7 所示，试作直方图，判断质量分布状态和实际生产过程能力。

表 5.7　复习题 5-49 频数统计结果

序号	1	2	3	4	5	6	7	合计
组限/mm	94.7～94.8	94.8～94.9	94.9～95.0	95.0～95.1	95.1～95.2	95.2～95.3	95.3～95.4	
频数	6	15	18	23	17	14	7	100

第6章　产品质量检验

国家标准《质量管理体系　基础和术语》(GB/T 19000—2016)中将检验定义为"对符合规定要求的确定",而确定则是"查明一个或多个特性及特性值的活动"。产品质量检验又称技术检验,它是采用一定检验测试手段和检查方法测定产品的质量特性,并把测定结果同规定的质量标准做比较,从而对产品或一批产品做出合格或不合格判断的质量管理方法。质量检验的目的在于:保证不合格的原材料不投产,不合格的零件不转入下道工序,不合格的产品不出厂;并收集和积累反映质量状况的数据资料,为测定和分析工序能力、监督工艺过程、改进质量提供信息。

6.1　质量检验的功能与职能

在早期的生产经营活动中,生产和检验是合二为一的,生产者同时也是检验者,既是运动员,又是裁判员。到后来,随着生产的发展,劳动专业分工的细化,检验逐渐从生产过程中分离出来,成为一个独立的部门。生产和检验是一个有机的整体,检验是生产中不可缺少的环节,具有与生产明显不同的功能与职能分工。在现代社会中,检验在保证(工程)产品质量方面发挥着越来越重要的作用。

6.1.1　质量检验的功能

质量检验可以作为一个过程或一系列的活动。检验具有定标、抽样、度量、比较、判定、处理和记录等方面的功能。

(1) 定标　明确检验的依据,确定检验的手段和方法。

(2) 抽样　除少量的全数检验外,都采用抽样检验。需要采用科学合理的抽样方案,使样本能够充分代表总体。

(3) 度量　采用试验、测量、测试、化验、分析以及官能检验等方法,度量产品的质量特性,从而得到质量特性数据。

(4) 比较　将测量的结果(质量特性数据特征值)与有效的质量标准进行比较。

(5) 判定　根据比较得出的结论,判定被检验的产品检验项目、产品或一批产品是否符合质量标准,符合者合格,不符合者不合格。

(6) 处理　根据相关标准规定对不合格品做出相应处理,并查找导致不合格的原因,落实整改措施。

(7) 记录　记录有价值的数据,做出分析报告,为企业自我评价和持续改进提供信息和依据。

要实现上述质量检验七个方面的功能,必须具备以下四个重要条件(质量检验工作的四大基本要素）：第一，满足实际要求的检测人员；第二，先进、可靠的检测手段；第三，明确、有效的检验标准；第四，科学、严格的检验管理制度。

6.1.2 质量检验的基本要求

质量检验的基本要求归结为检验的"三性"要求，即检验的公正性、检验的科学性和检验的权威性。

（1）检验的公正性　检验的公正性是对质量检验首要的要求，离开了公正性，检验也就失去了意义。所谓检验的公正性，是指检验机构和人员在进行质量检验时，既要严格履行职责，独立行使质量检验的职权，又要坚持原则，不徇私情，秉公办事，认真负责，实事求是。

原则性是公正性的基础。坚持原则，就是严格执行技术标准，严格执行检验制度，严格执行质量责任制；是非清楚，奖罚分明，有法必依，执法必严，一切按原则办事。按原则办事，关键在于碰到矛盾时，能否客观公正地处理问题，不受任何势力或人员的无理干扰，也不顾及任何人的求情或私人关系。对于人情社会，不徇私情虽然难度较大，但必须坚持。

（2）检验的科学性　检验的科学性，是指要通过科学的检测手段，提供准确的检测数据，按照科学合理的判断标准，客观地评价产品质量。实践证明，要保证检验的科学性，应做好以下工作：对检验机构进行科学合理的定编定岗；对检验和试验人员定期进行业务培训和资格认证；健全和完善质量管理信息系统和检验方面的规章制度；要有明确无误的检验标准；不断完善检测手段，提高动态检测水平。

科学性与公正性是紧密相关的，没有检验的科学性也就不能保证检验的公正性。

（3）检验的权威性　检验的权威性是正确进行检验的基础。权威性实质是对检验人员和检验结果的信任度和尊重程度的体现。树立检验工作的权威是十分必要的，这是保证产品质量和生产经营正常进行的重要条件。

如果企业的质检部门和质检人员缺乏必要的权威，那么检验监督工作就很难进行，不能履行质量检验的职能，不利于保证产品质量。

6.1.3 质量检验的职能

质量检验的基本职能，可以概括为把关、预防、报告、改进和监督验证等五个方面。

（1）把关的职能　把关是质量检验最基本的职能，也可称为质量保证职能。这一职能是质量检验出现时就已经存在的，即使是生产自动化高度发展的将来，检验的手段和技术有所发展和变化，质量检验的把关作用仍然是不可缺少的。

企业的生产是一个复杂的过程，人员、材料、机械、方法、环境（4M1E）等诸要素，都可能使生产状态发生变化，各个工序不可能处于绝对的稳定状态，质量特性的波动是客观存在的，要求每个工序都保证生产出100%的合格品，实际上是不可能的。因此，通过检验实行把关职能，是完全必要的。随着生产技术的不断提高和管理工作的完善化，可以减少检验的工作量，但检验仍然必不可少。只有通过检验，实行严格把关，做到不合格的原材料不投产、不合格的半成品不转序、不合格的零部件不组装、不合格的产品不出厂，才能真正保证产品的质量。

（2）预防的职能　现代质量检验区别于传统检验的重要之处，在于现代质量检验不单纯是起把关的作用，同时还起预防的作用。检验的预防作用主要表现在以下两个方面：

① 通过工序能力的测定和控制图的使用起到预防作用。无论是工序能力的测定或使用控制图，都需要通过产品检验取得一批或一组数据，进行统计处理后方能实现。这种检验的目的，不是为了判断一批或一组产品是否合格，而是为了计算工序能力的大小和反映生产过程的状态。如发现工序能力不足，或通过控制图表明生产过程出现了异常状态，则要及时采取措施，提高工序能力或消除生产过程的异常因素，预防不合格品的发生，事实证明，这种检验的预防作用是非常有效的。

② 通过工序生产中的首检与巡检起预防作用。当一批产品处于初始加工状态时，一般应进行首件检验（首件检验不一定只检查一件），当首件检验合格并得到认可时，方能正式成批投产。此外，当设备进行修理或重新进行调整后，也应进行首件检验，其目的都是为了预防出现大批不合格品。正式成批投产后，为了及时发现生产过程是否发生了变化，有无出现不合格品的可能，还要定期或不定期到现场进行巡回抽查（即巡检），一旦发现问题，就应及时采取措施予以纠正，以预防不合格品的产生。

（3）报告的职能　报告的职能也就是信息反馈的职能。这是为了使企业的高层管理者和有关质量管理部门及时掌握生产过程中的质量状态，评价和分析质量体系的有效性。为了能做出正确的质量决策，了解产品质量的变化情况，必须把检验结果用报告形式，特别是计算所得的指标，反馈给管理决策部门和有关管理部门，以便做出正确的判断和采取有效的决策措施。

报告的主要内容包括：原材料、外购件、外协件进厂验收检验的情况和合格率指标；产品出厂检验的合格率、返修率、报废率、降级率以及相应的金额损失；车间和分小组的平均合格率、返修率、报废率、相应的金额损失及排列图分析；产品报废原因的排列图分析；不合格品的处理情况报告；重大质量问题的调查、分析和处理报告；改进质量的建议报告；检验人员工作情况报告；等等。

（4）改进的职能　质量检验参与质量改进工作，是充分发挥质量把关和预防作用的关键，也是检验部门参与质量管理的具体体现。

质量检验人员一般都是由具有一定生产经验、业务熟练的工程技术人员或技术工人担任。他们熟悉生产现场，对生产中 4M1E 因素有比较清楚的了解。因此对质量改进能提出更切实可行的建议和措施，这也是质量检验人员的优势所在。实践证明，特别是设计、工艺、检验和操作人员联合起来共同投入质量改进，能够取得更好的效果。

（5）监督验证的职能　质量监督和验证是市场经济和质量保证的客观要求，而这种监督和验证是以检验为基础的。从微观和宏观管理出发，质量监督主要分为自我监督、用户监督、社会监督、法律监督和国家监督五个方面。

6.2　质量检验管理

质量检验管理是企业质量管理的组成部分，应当予以重视。企业必须设置专职检验机构，建立完善的检验系统，标准化的工作流程，明确检验职责。制定质量检验制度、妥善管理不合格品并对检验工作质量进行考核等，属于质量检验管理的基本工作。

在市场经济环境中，随着企业外部环境和内部条件的变化，必然要求企业建立更加科学、严格的质量检验管理制度，并不断完善质量检验工作体系。

6.2.1　质量检验制度

根据企业自身的生产经营情况，质量检验制度应由组织的最高管理者负责制定，并监督实施和改进。经过长期的实践，人们积累了一些行之有效的质量检验制度，其中各企业都可采用的通用型有："三检"制、重点工序双岗制、留名制、复查制、追溯制和统计分析制等。

（1）"三检"制　"三检"制就是实行操作者的自检、工人之间的互检和专职检验人员的专检相结合的一种检验制度。

① 自检。自检就是生产者对自己所生产的产品，按照图纸、工艺和合同中规定的技术标准自行进行检验，并做出产品是否合格的判断。这种检验充分体现了生产工人必须对自己生产的产品质量负责。通过自我检验，使生产者充分了解自己生产的产品在质量上存在的问题，并开动脑筋寻找出现问题的原因，采取改进措施，这也是工人参与质量管理的重要形式。

② 互检。互检就是生产工人相互之间进行检验。主要有下道工序对上道工序流转过来的半成品进行抽检，同一机床、同一工序轮班交接班时进行相互检验，小组质量员或班组长对本小组工人加工出来的产品进行抽检等。

③ 专检。专检就是由专业检验人员进行的检验。专业检验是现代化大生产劳动分工的客观要求，它是自检和互检所不能取代的。而且三检制必须以专业检验为主导，这是由于：首先，在现代生产中，检验已成为专门的工种和技术，专职检验人员对产品的技术要求、工艺知识和检验技能，都比生产工人熟练，所用检测仪器也比较精密，检验结果比较可靠，检验效率也比较高；其次，由于生产工人有严格的生产定额，定额又同奖金挂钩，所以容易产生错检和漏检。

（2）重点工序双岗制　重点工序双岗制就是指操作者在进行重点工序加工时，还同时应有检验人员在场，必要时应有技术负责人或用户的验收代表在场，监视工序必须按规定的程序和要求进行。这里所说的重点工序是指加工关键零部件或关键部位的工序，可以是作为下道工序加工基准的工序，也可以是工序过程的参数或结果无记录，不能保留客观证据，事后无法检验查证的工序。

实行双岗制的工序，在工序完成后，操作者、检验员或技术负责人和用户验收代表，应立即在工艺文件上签名，并尽可能将情况记录存档，以示负责和便于以后查询。

（3）留名制　留名制是指在生产过程中，从原材料进厂到成品入库、出厂，每完成一道工序，每改变产品的一种状态，包括进行检验和交接、存放和运输，责任者都应该在工艺文件上签名，以示负责。特别是在成品出厂检验单上，检验员必须签名或加盖印章。这是一种重要的技术责任制。操作者签名表示按规定要求完成了这道工序，检验者签名表示该工序达到了规定的质量标准。签名后的记录文件应妥为保存，便于以后调阅、参考。

（4）复查制　质量复查制是指有些生产重要产品的企业，为了保证交付产品的质量或参加试验的产品稳妥可靠、不带隐患，在产品检验入库后到出厂之前的这段时期内，要与产品设计、生产、试验及技术部门的人员进行复查。

（5）追溯制　追溯制也叫跟踪管理，就是在生产过程中，每完成一道工序或一项工作，都要记录其检验结果及存在问题，记录操作者及检验者的姓名、时间、地点及情况分析，在产品的适当部位做出相应的质量状态标志。这些记录与带标志的产品同步流转。需要时，很容易搞清责任者的姓名、时间和地点，职责分明，查处有据，这可以极大地增强职工的质量责任感。

（6）统计分析制　质量统计和分析就是指企业的车间和质量检验部门，根据上级要求和企业质量状况，对生产中各种质量指标进行统计汇总、计算和分析，并按期向厂部和上级有关部门上报，以反映生产中产品质量的变动规律和发展趋势，为质量管理和决策提供可靠的依据。统计和分析的指标主要有：品种抽查合格率、成品抽查合格率、品种一等品率、成品一等品率、主要零件主要项目合格率、成品装配的一次合格率、机械加工废品率、返修率等。

6.2.2　不合格品管理

不合格品管理不仅是质量检验的重要环节，而且也是整个质量管理工作的重要内容。不合格品或称不良品，包括废品、返修品和回用品三类。对不合格品的管理要坚持"三不放过"原则，并分类处理，做好不合格品的现场管理。

（1）"三不放过"原则　一旦出现不合格品，应坚持：不查清不合格的原因不放过；不查清责任者不放过；不落实改进措施不放过。

① 不查清不合格的原因不放过。因为不查清原因，就无法进行预防和纠正，也不能防止重复发生同样的质量问题，所以必须查清不合格的原因，才能对症下药。

② 不查清责任者不放过。这是为了帮助责任者吸取教训，以利于及时纠正和不断改进。

③ 不落实改进措施不放过。查清不合格的原因和查清责任者，目的都是为了落实改进措施，提高产品合格率。

上述"三不放过"原则是质量检验工作的重要指导思想，坚持这种思想，才能真正发挥检验工作的把关职能和预防职能。

（2）分类处理　根据不同情况，对不合格品可采取报废、返工、返修或原样使用等处理方法。

① 报废。对于不能使用，如影响人身财产安全或经济上产生严重损失的不合格品，应予以报废处理，此时的不合格品就是废品。

② 返工。返工即重新加工，它可以完全消除不合格，并使质量特性完全符合要求。通常，检验人员就有权做出返工的决定。

③ 返修。返修就是对不合格产品进行修理或维修。返修与返工的区别在于返修不能完全消除不合格品，而只能减轻不合格的程度，使部分不合格品能达到基本满足使用要求。

④ 原样使用。原样使用也称为直接回用，就是既不返工，又不返修，直接交付给顾客。这种情况必须有严格的申请和审批制度，特别是要将实际情况告诉顾客，得到顾客的认可。

（3）不合格品的现场管理　对不合格品的现场管理主要做好两项工作：一是标记工作，即对不合格品的标记工作，凡是检验为不合格的产品、半成品或零部件，应当根据不合格品的类别，分别涂以不同的颜色或做出特殊标记，以示区别；二是隔离工作，即对不合格品的隔离工作，各种不合格品在涂上标记后应立即分区进行隔离存放，避免在生产中发生混乱。

隔离区的废品应及时放于废品箱或废品库中，并由专人负责保管，定期销毁处理。

6.2.3　质量检验误差

在质量检验中，由于主客观因素的影响，产生检验误差是很难避免的，甚至是经常发生的。然而，加强对质量检验的管理与考评，却可以减少这种误差的发生。

（1）检验误差分类　根据产生检验误差的原因，检验误差可分为技术性误差、情绪性误差、程序性误差和明知故犯误差四类。

① 技术性误差。技术性误差是指由于检验人员缺乏检验技能造成的误差，这类误差通常是未经培训的新上岗检验人员，因缺乏必要的工艺知识、检验技术不熟练等原因所造成。

② 情绪性误差。情绪性误差是指由于检验人员马虎大意、工作不细心造成的检验误差。例如，检验人员精力不集中或检验任务紧、时间急等原因引起情绪波动所造成的检验误差。

③ 程序性误差。程序性误差是指由于生产不均衡、加班突击及管理混乱所造成的误差。比如生产不均衡，待检产品过于集中，存放混乱，标志不清，或工艺、图纸有临时改变等原因造成的检验误差。

④ 明知故犯误差。明知故犯误差是指由于检验人员动机不良造成的检验误差。

（2）测定检验误差的方法　检验误差客观存在，测定的方法主要有：重复检查、复核检查、改变检验条件和建立标准品等。

① 重复检查。由检验人员对自己检查过的产品再检查一到两次，查明合格品中有多少不合格品，以及不合格品中有多少合格品。

② 复核检查。由技术水平较高的检验人员或技术人员，复核检验已检查过的一批合格品和不合格品。

③ 改变检验条件。为了解检验是否正确，当检验人员检查一批产品后，可以用精度更高的检测手段进行重检，以发现检测工具造成检验误差的大小。

④ 建立标准品。用标准品进行比较，以便发现被检查过的产品所存在的缺陷或误差。

（3）检验误差评价　无论什么原因造成的检验误差，均可用漏检和错检两个指标来衡量。所谓漏检，就是因不合格品没有被检查出来，而当成了合格品——有"漏网之鱼"；而错检，则是把合格品当成不合格品，也就是在检验人员检查出来的不合格品中还有合格品存在——有"蒙冤叫屈者"。

漏检、错检可以通过复检而发现，其程序如图 6.1 所示。设一批待检产品 N 件，检验后合格品数为 G 件、不合格品数为 D 件；经过复检发现，G 中不合格品数（漏检）为 b，D 中合格品数为（错检）k。漏检率 γ 和错检率 δ 分别定义如下：

$$\gamma = \frac{b}{G} \times 100\% \tag{6.1}$$

$$\delta = \frac{k}{D} \times 100\% \tag{6.2}$$

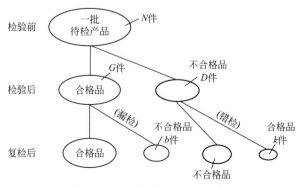

图 6.1　漏检、错检复检程序

由漏检数和错检数可以综合得出检验人员的检验准确度 T 和误检率 p：

$$T = \frac{D-k}{D-k+b} \times 100\% \qquad (6.3)$$

$$p = \frac{b+k}{N} \times 100\% \qquad (6.4)$$

在综合考虑合理保护生产者和消费者双方利益的情况下，企业多倾向于采用检验准确度 T 对检验误差水平进行考评。

由于各企业对检验人员工作质量的考核办法各不相同，还没有统一的计算公式；又由于考核是同奖惩挂钩的，各企业的情况各不相同，所以很难采用统一的考核制度。但在考核中一些共性的问题必须注意，就是质量检验部门及其人员不能承包企业或车间的产品质量指标；再就是要正确区分检验人员和操作人员的责任界限。

【例 6.1】 有一批待检产品 120 件，检验后认为 108 件合格，12 件不合格。经复检发现，漏检 3 件，错检 1 件。试求该项检验的漏检率、错检率、检验准确度和误检率。

【解】 已知 $N = 120$，$G = 108$，$D = 12$，$b = 3$，$k = 1$。

漏检率：$\gamma = \dfrac{b}{G} \times 100\% = \dfrac{3}{108} \times 100\% = 2.8\%$

错检率：$\delta = \dfrac{k}{D} \times 100\% = \dfrac{1}{12} \times 100\% = 8.3\%$

检验准确度：$T = \dfrac{D-k}{D-k+b} \times 100\% = \dfrac{12-1}{12-1+3} \times 100\% = 78.6\%$

误检率：$p = \dfrac{b+k}{N} \times 100\% = \dfrac{3+1}{120} \times 100\% = 3.3\%$

6.3 质量检验的方式

除了各生产企业自己的质量检验部门以外，我国还有市场化的质量检验检测机构 24000 余家，覆盖了国民经济和社会管理的各个方面。它们接受产品生产商或产品用户的委托，进行质量检验检测，出具质量检验检测报告，从而评定该产品是否达到政府、行业和用户要求的质量、安全、性能及法规等方面的标准，并根据检测工作量向委托者收取检测费用。

不管是哪一级别的质量检验，同一类型的检验基本要求大体是相同的。质量检验方式可以按不同的特征进行分类。

6.3.1 按检验的数量划分检验方式

按检验数量不同，质量检验方式可分为全数检验和抽样检验两种。

（1）全数检验 全数检验简称全检，是指对一批待检产品 100% 地进行检验，也就是对总体中的个体逐一观察、测量、计数、登记，从而获得对总体质量水平的评价结论。如果希望得到 100% 的合格品，那就必须进行全检，而且是一次以上的全检。同时，还要考虑漏检和错检的可能。

全数检验有它固有的缺点：检验工作量大，检验周期长，检验成本高，要求检验人员和检验设备较多，不可避免漏检和错检，不适合破坏性的检验项目。

混凝土工程中的钢筋工程，地基与基础工程中的混凝土基础和桩基础等，都是隐蔽工程的实例。隐蔽工程完成后，在被覆盖或掩盖前必须进行质量验收，验收合格后方可继续施工。因为隐蔽工程可能是一个检验批，也可能是一个分项工程或子分部工程，所以可按检验批或分项工程、子分部工程的要求进行验收。

当隐蔽工程为检验批时，则应由专业监理工程师组织施工单位项目专业质量检查员、专业工长等进行验收。

施工单位应对隐蔽工程质量进行自检，对存在的问题自行整改处理，合格后填写隐蔽工程报审、报验表及隐蔽工程质量验收记录，并将相关资料报送项目监理机构申请验收。专业监理工程师对施工单位所报资料进行审查，并组织相关人员到现场进行实体检查、验收。同时宜留存检查、验收过程的照片、影像等资料。对验收不合格的，专业监理工程师应要求施工单位进行整改，自检合格后予以复验；对验收合格的，专业监理工程师应签认隐蔽工程报审、报验表及质量验收记录，准许进行下道工序施工。

7.2.3　分项工程质量验收

分项工程的验收是以检验批为基础进行的。一般情况下，检验批和分项工程两者具有相同或相近的性质，只是批量的大小不同而已。

（1）分项工程质量验收程序　分项工程应由专业监理工程师组织施工单位项目专业技术负责人等进行验收。

验收前，施工单位应对施工完成的分项工程进行自检，对存在的问题自行整改处理，合格后填写分项工程报审、报验表及分项工程质量验收记录，并将相关资料报送项目监理机构申请验收。专业监理工程师对施工单位所报资料逐项进行审查，符合要求后签认分项工程报审、报验表及质量验收记录。

（2）分项工程质量验收合格要求　分项工程质量验收合格应符合下列规定：

① 所含检验批的质量均应验收合格；

② 所含检验批的质量验收记录应完整。

由分项工程验收程序可知，分项工程质量验收实际上是一个汇总统计的过程。分项工程质量合格的条件是构成分项工程的各检验批验收资料齐全完整，且各检验批均已验收合格。

7.2.4　分部工程质量验收

分部工程质量验收是以所含各分项工程质量验收为基础进行的。由于各分项工程的性质不尽相同，因此作为分部工程不能简单地组合而加以验收。

（1）分部工程质量验收程序　分部工程由总监理工程师组织施工单位项目负责人和项目专业技术负责人等进行验收。

勘察、设计单位项目负责人和施工单位技术、质量部门负责人应参加地基与基础分部工程的验收。设计单位项目负责人和施工单位技术、质量部门负责人应参加主体结构分部工程、建筑节能分部工程的验收。

除上述指定人员必须参加分部工程的验收外，允许其他相关人员共同参加验收。由于各施工单位的机构和岗位设置不同，施工单位技术、质量负责人允许是两位人员，也可以是一位人员。勘察、设计单位项目负责人应为勘察、设计单位负责本工程项目的专业负责人，不应由与本项目无关或不了解项目情况的其他人、非专业人代替。

验收前，施工单位应对施工完成的分部工程进行自检，对存在的问题自行整改处理，合格后填写分部工程报验表及分部工程质量验收记录，并将相关资料报送项目监理机构申请验收。总监理工程师应组织相关人员进行检查、验收，对验收不合格的分部工程，应要求施工单位进行整改，自检合格后予以复查。对验收合格的分部工程，应签认分部工程报验表及质量验收记录。

（2）分部工程质量验收合格要求　分部工程质量验收合格应符合下列规定：

① 所含分项工程的质量均应验收合格；

② 质量控制资料应完整；

③ 有关安全、节能、环境保护和主要使用功能的抽样检验结果应符合相应规定；

④ 观感质量应符合要求。

质量控制资料主要包括：图纸会审记录、设计变更通知单、工程洽商记录；工程定位测量、放线记录；原材料出厂合格证书及进场检验、试验报告；施工试验报告及见证检测报告；隐蔽工程验收记录；施工记录；按有关专业质量验收规范规定的抽样检测资料、试验记录；检验批质量验收记录，分项、分部工程质量验收记录；工程质量事故调查处理资料；新技术论证、备案及施工记录等。

涉及安全、节能、环境保护和主要使用功能的地基与基础、主体结构和设备安装等分部工程应进行有关的见证检验或抽样检验。总监理工程师应组织相关人员，检查各专业验收规范中规定的检测项目是否都进行了检测；查阅各项检测报告（记录），核查有关检测方法、内容、程序、检测结果等是否符合有关标准规定；核查有关检测机构的资质，见证取样与送样人员资格，检测报告出具机构负责人的签署情况是否符合要求。

观感质量检查往往难以定量，只能以观察、触摸或简单量测的方式进行观感质量验收。通过验收人的主观判断，再由各方协商，最后综合给出"好""一般""差"的质量评价结果。所谓"好"是指在观感质量符合验收规范的基础上，能达到精致、流畅的要求，细部处理到位、精度控制好；所谓"一般"是指观感质量能符合验收规范的要求；所谓"差"则是指观感质量勉强达到验收规范的要求，或有明显的缺陷但不影响安全或使用功能。对于观感质量评定为"差"的检查点，应进行返修处理。

7.2.5　单位工程质量验收

单位工程质量验收又称为工程质量竣工验收（简称竣工验收），是建筑工程投入使用前的最后一次验收，也是最重要的一次验收。参建各方责任主体和有关单位及人员，应给予足够重视，认真做好单位工程质量竣工验收，把好工程质量验收关。

（1）竣工验收应具备的条件　按照《建设工程质量管理条例》的规定，建设工程竣工验收应具备下列条件：

① 完成建设工程设计和合同约定的各项内容；

② 有完整的技术档案和施工管理资料；

③ 有工程使用的主要建筑材料、建筑构配件和设备的进场试验报告；

④ 有勘察、设计、施工、工程监理等单位分别签署的质量合格文件；

⑤ 有施工单位签署的工程保修书。

根据上述竣工验收条件，对于不同性质的建设工程还应满足其他一些具体要求。例如工业建设项目，还应满足必要的生活设施已按设计要求建成，生产准备工作和生产设施能适应项目投产的需要；环境保护设施，劳动、安全与卫生设施，消防设施以及必需的生产设施等已按设计要求与主体工程同时建成，并经有关专业部门验收合格交付使用。

（2）单位工程质量验收的程序　单位工程质量验收的程序分为预验收和竣工验收，只有通过预验收后，才能申请正式验收（竣工验收）。

① 预验收。单位工程完工后，施工单位应依据验收规范、设计图纸等组织有关人员进行自检，对存在的问题自行整改处理，合格后填写单位工程竣工报审表，并将相关竣工资料报送项目监理机构申请预验收。

总监理工程师应组织各专业监理工程师审查施工单位报送的相关竣工资料，并对工程质量进行预验收。存在施工质量问题时，应由施工单位及时整改。整改完毕且复验合格后，总监理工程师应签认单位工程竣工验收的相关资料。项目监理机构应编写工程质量评估报告，并应经总监理工程师和工程监理单位技术负责人审核签字后报建设单位。由施工单位向建设单位提交工程竣工报告，申请工程竣工验收。

单位工程中的分包工程完工后，分包单位应对所承包的工程项目进行自检，并应按标准规定的程序进行验收。验收时，总包单位也应派人参加，验收合格后，分包单位应将所分包工程的质量控制资料整理完整，并移交给总包单位。建设单位组织单位工程质量验收时，分包单位负责人应参加验收。

② 竣工验收。建设单位收到工程竣工报告后，应由建设单位项目负责人组织监理、施工、设计、勘察等单位项目负责人进行竣工验收。考虑到施工单位对工程负有直接生产责任，而施工项目部并不是法人单位，所以施工单位的技术、质量负责人也应参加工程竣工验收。对验收中提出的整改问题，项目监理机构应督促施工单位及时整改。工程质量符合要求的，总监理工程师应在工程竣工验收报告中签署验收意见。

在一个单位工程中，对满足生产要求或具备使用条件，施工单位已自行检验，项目监理机构已预验收的子单位工程，建设单位可组织验收。由几个施工单位负责施工的单位工程，当其中的子单位工程已按设计要求完成，并经自行检验，也可按规定的程序组织正式验收，办理交工手续。在整个单位工程验收时，已验收的子单位工程验收资料应作为单位工程验收的附件。

（3）单位工程质量验收合格要求　单位工程质量验收合格应符合下列规定：

① 所含分部工程的质量均应验收合格；

② 质量控制资料应完整；

③ 所含分部工程中有关安全、节能、环境保护和主要使用功能的检验资料应完整；

④ 主要使用功能的抽查结果应符合相关专业质量验收规范的规定；

⑤ 观感质量应符合要求。

单位工程质量验收是在分部工程验收的基础上进行的，主要工作是检查分部工程的验收材料、必要的抽样检验和现场检查。因此，施工单位事前应认真做好验收准备工作，将所有分部工程的质量验收记录及相关资料，及时进行收集和整理，并列出目次表，依序将其装订成册。要重点检查资料是否齐全、有无遗漏，以达到完整无缺的要求。涉及安全、节能、环境保护和主要使用功能的分部工程的检验资料应复查合格，这不仅要全面检查其完整性，不得有漏检缺项，而且要复核分部工程验收时要求补充的见证抽样检验报告。竣工验收还应对主要使用功能进行抽查，其抽查项目是在检查资料文件的基础上由参加验收的各方人员商定，并用计量、计数的方法抽样检验，检验结果应符合相关专业验收规范的规定。

观感质量验收不单纯是对工程外表质量进行检查，同时也是对部分使用功能和使用安全所做的一次全面检查，例如门窗启闭是否灵活，关闭后是否严密；室内顶棚抹灰层的空鼓，楼梯踏步高差过大等问题。凡涉及使用安全的事项，在检查时均应加以关注。单位工程观感质量验收，需由参加验收的各方人员共同进行，最后协商确定是否通过验收。

7.3　工程质量验收时不符合要求的处理

一般情况，不合格现象在检验批验收时就应发现并及时处理，但实际工程中不能完全避免不合格情况的出现，因此工程施工质量验收时对不符合要求者，应区别情况进行处理。

7.3.1　不符合要求的检验批

检验批是工程施工质量验收的基础，检验批验收不合格，可采取返工或返修处理；若检验批验收不能判断是否合格，则需要专门论证。处理方式如下：

（1）经返工或返修的检验批，应重新进行验收。在检验批验收时，对于主控项目不能满足验收规范规定或一般项目超过偏差限值的样本数量、不符合验收规定时，应及时进行返工或返修处理。所谓返工，就是对施工质量不符合规定的部位采取的更换、重新制作、重新施工等措施；返修则是对施工质量不符合规定的部位采取的整修等措施。对于存在质量缺陷的检验批，允许施工单位在采取相应措施后重新验收。再次验收时，如能够符合相应的专业验收规范要求，应认为该检验批合格。

（2）经有资质的检测机构检测鉴定能够达到设计要求的检验批，应予以验收。当个别检验批发现问题，难以确定能否验收时，应请具有资质的法定检测机构进行检测鉴定。若鉴定结果认为能够达到设计要求，则该检验批可以通过验收。

（3）经有资质的检测机构检测鉴定达不到设计要求，但经原设计单位核算认为能够满足安全和使用功能的检验批，可予以验收。一般情况下，标准、规范的规定是满足安全和使用功能的最低要求，设计往往在此基础上留有一些余量。在一定范围内，会出现不满足设计要求而符合相应规范要求的情况，两者并不矛盾。

7.3.2　不符合要求的分项工程、分部工程和单位工程

分项工程、分部工程和单位工程若出现不符合要求的情况，可采取返修或加固处理。加固是指对承重结构、构件及其相关部位采取增强、局部更换或调整其内力等措施，使其具有现行设计规范及业主所要求的安全性、耐久性和适用性，工程上常采用粘钢加固、碳纤维加固、压力注浆加固、植筋加固、锚栓加固、钢管桩加固等加固措施。

（1）经返修或加固处理的分项工程、分部工程，满足安全及使用功能要求时，可按技术处理方案和协商文件的要求予以验收。经法定检测机构检测鉴定后认为达不到规范相应要求，即不能满足最低限度的安全储备和使用功能时，必须进行返修或加固处理，使之能满足安全使用的基本要求。这样可能会造成一些永久性的影响，如增大构件外形尺寸，影响某些次要的使用功能。但为了避免建筑物的整体或局部拆除，避免更大的经济损失，在不影响安全和主要使用功能的条件下，可按技术处理方案和协商文件进行验收，责任方应按法律法规承担相应的经济责任并接受处罚。当然，这种方法不能作为降低质量要求、变相通过验收的

一种出路。

（2）经返修或加固处理仍不能满足安全或重要使用功能要求的分部工程及单位工程，严禁验收。分部工程及单位工程经返修或加固处理后仍不能满足安全或重要使用功能时，表明工程质量存在严重缺陷。重要使用功能不满足要求时，将导致建筑物无法正常使用；安全不满足要求时，将危及人身健康或财产安全，严重时会给社会带来巨大的安全隐患。因此，对这类工程严禁通过验收，更不得擅自投入使用，需要专门研究处置方案。

7.3.3　不符合要求的工程质量控制资料

工程质量控制资料应齐全完整。当部分资料缺失时，应委托有资质的检测机构按有关标准进行相应的实体检测或抽样试验。实际工程中偶尔会遇到遗漏检验或资料丢失而导致部分施工验收资料不全的情况，使工程无法正常验收。对此可有针对性地进行工程质量检验，采取实体检测或抽样试验的方法确定工程质量状况。这些工作应由有资质的检测机构完成，出具的检验报告可用于工程施工质量验收。

-------------------------------- **复习题** --------------------------------

7-1　试对如下名词做出解释或给出定义：工程施工质量验收、单位工程、竣工验收、返工、返修。

7-2　何谓检验批，其划分的原则是什么？

7-3　什么是检验批中的主控项目？抽样检验时对其质量有何要求？

7-4　分项工程、分部工程、单位工程的划分原则各是什么？

7-5　检验批的验收程序是什么？检验批质量验收合格的条件是什么？

7-6　分项工程的验收程序是什么？分项工程质量验收合格的条件是什么？

7-7　分部工程的验收程序是什么？分部工程质量验收合格的条件是什么？

7-8　单位工程预验收和验收（正式验收）分别由哪个单位的什么人员来组织？哪些人员参加？

7-9　单位工程质量验收的合格条件是什么？

7-10　检验批验收不符合要求时应当如何处理？

7-11　什么是加固，常用的加固措施有哪些？

7-12　经过加固处理后的分部工程、单位工程应如何验收？

7-13　工程质量控制资料部分缺失时，验收前应如何解决这个问题？

7-14　工程施工质量验收包括工程施工过程质量验收和竣工质量验收两个方面，是工程质量控制的重要环节。（正确画√，错误画×）

7-15　单位工程或子单位工程的划分，施工前应由施工单位确定，并报监理单位备案，以便据此搜集整理施工技术资料和进行验收。（正确画√，错误画×）

7-16　分部工程可按专业性质、工程部位确定。当分部工程较大或较复杂时，还可按材料种类、施工特点、施工程序、专业系统及类别将其划分为若干子分部工程。（正确画√，错误画×）

7-17　工程项目经竣工验收后，即可交付使用。（正确画√，错误画×）

7-18　如果某检验批中主控项目的质量经抽样检验均合格、一般项目的质量经抽样检验

合格，则该检验批质量验收合格。（正确画√，错误画×）

7-19 如果检验批抽样检验的样本容量均为20，检验结果主控项目不合格数为0个、一般项目不合格数为4个，具有完整的施工操作依据和质量验收记录，则该检验批质量验收不合格。（正确画√，错误画×）

7-20 设计单位项目负责人和施工单位技术、质量部门负责人应参加主体结构、节能分部工程的验收。（正确画√，错误画×）

7-21 在一个单位工程中，对满足生产要求或具备使用条件，施工单位已自行检验、项目监理机构已预验收通过的子单位工程，建设单位可组织进行验收。（正确画√，错误画×）

7-22 经有资质的检测单位检测鉴定达不到设计要求，尽管经原设计单位核算认为能够满足安全和使用功能的检验批，仍然不能验收。（正确画√，错误画×）

7-23 经返修或加固处理的分项工程、分部工程，满足安全和使用功能要求时，可按技术处理方案和协商文件的要求予以验收。（正确画√，错误画×）

7-24 建筑工程施工质量验收时，对涉及安全、节能、环境保护和主要使用功能的地基与基础、主体结构和设备安装等分部工程，应进行有关的见证检验和（　　）。

    A. 抽样检验　　　　B. 全数检验　　　　C. 无损检测　　　　D. 现场检测

7-25 具有独立施工条件并能形成独立使用功能的建筑物及构筑物为一个（　　）。

    A. 分部工程　　　　B. 分项工程　　　　C. 单位工程　　　　D. 建筑工程

7-26 检验批的质量验收记录表由施工项目专业质量检查员填写，（　　）组织施工项目专业质量检查员、专业工长等进行验收，并按表记录。

    A. 项目经理　　　　　　　　　　　B. 专业监理工程师

    C. 总监理工程师　　　　　　　　　D. 施工单位负责人

7-27 对（　　）的验收，是整个建筑工程施工质量验收的基础。

    A. 工序　　　　　　B. 隐蔽工程　　　　C. 分项工程　　　　D. 检验批

7-28 分项工程验收合格的条件，除其所含检验批合格外，还应（　　）。

    A. 质量控制资料完整　　　　　　　B. 观感质量验收符合要求

    C. 质量验收记录应完整　　　　　　D. 主要功能项目抽查结果应符合规定

7-29 工程施工质量验收层次划分的目的是实施对工程施工质量的（　　），确保工程施工质量达到工程决策阶段所确定的质量目标和质量水平。

    A. 过程控制　　　　B. 终端把关　　　　C. 完善手段

    D. 强化验收　　　　E. 验评分离

7-30 分部工程的划分应按（　　）确定。

    A. 专业性质　　　　B. 主要工种　　　　C. 建筑材料

    D. 设备类别　　　　E. 工程部位

7-31 检验批的质量验收包括了（　　）的内容。

    A. 质量资料检查　　B. 主控项目的检验　　C. 保证项目的检验

    D. 一般项目的检验　　E. 允许偏差项目的检验

7-32 单位工程质量验收合格的条件，除构成单位工程的各分部工程质量合格外，还应（　　）。

    A. 质量控制资料应完整　　B. 观感质量应符合要求　　C. 质量检查记录齐全

    D. 所含分部工程有关安全、节能、环境保护和主要使用功能的检验资料应完整

E. 主要使用功能的抽查结果应符合相关专业质量验收规范的规定

7-33　分部工程应由总监理工程师组织施工单位项目负责人和技术、质量负责人等进行验收，（　　）应参加地基与基础分部工程的质量验收。

A. 勘察、设计单位项目负责人　　　　　B. 质量监督机构负责人

C. 施工单位技术、质量部门负责人　　　D. 业主代表（建设单位代表）

E. 专业工程师

7-34　建设工程竣工验收应具备的条件有工程使用的主要建筑材料、建筑构配件和设备的进场试验报告，还有（　　）。

A. 完成建设工程设计和合同约定的各项内容

B. 有完整的技术档案和施工管理资料

C. 有施工单位签署的工程保修书

D. 有质量监督机构的审核意见

E. 有勘察、设计、施工、工程监理等单位分别签署的质量合格文件

7-35　分部工程质量验收中，观感质量验收评价的结论有（　　）。

A. 优　　　　　　　　B. 好　　　　　　　　C. 一般

D. 合格　　　　　　　E. 差

7-36　单位工程竣工验收时，参加验收的各方人员共同进行观感质量的检查，最后是否通过验收由（　　）协商确定。

A. 质量监督站　　　B. 建设单位　　　　C. 勘察设计单位

D. 监理单位　　　　E. 施工单位

第8章 工程质量缺陷及事故

工程施工过程中，采取各种质量管理方法或控制手段，预防出现不合格情况的效果虽然显著，但还是不能杜绝工程质量缺陷及事故的发生。一旦出现工程质量缺陷及事故，相关单位应按照规定的程序和预案进行处理，尽量减少由此引起的损失。

8.1 工程质量缺陷

根据《质量管理体系 基础和术语》（GB/T 19000—2016）中的定义：不符合，未满足要求者为不合格；与预期或规定用途有关的不合格则为缺陷。由此可见，不合格和缺陷既有关联，又有区别。区分缺陷和不合格的概念是重要的，因为其中有法律内涵，特别是与产品和服务责任问题有关。

8.1.1 工程质量缺陷的概念

工程质量缺陷是指工程不符合国家或行业的有关技术标准、设计文件及合同中对质量的要求。工程质量缺陷可分为施工过程中的质量缺陷和永久质量缺陷，其中施工过程中的质量缺陷又可以分为可整改质量缺陷和不可整改质量缺陷。

工程质量缺陷按其程度可分为严重缺陷和一般缺陷。严重缺陷是指对结构构件的受力性能或安装使用性能有决定性影响的缺陷；一般缺陷是指对结构构件的受力性能或安装使用性能无决定性影响的缺陷。

工程质量通病也是一种质量缺陷，是指影响工程结构安全、使用功能和外形观感的常见性质量损伤，犹如"多发病"一样。建筑安装工程最常见的质量通病主要有以下几类：

（1）基础不均匀沉降，墙体开裂。

（2）现浇钢筋混凝土出现蜂窝、麻面、露筋。

（3）现浇钢筋混凝土阳台、雨篷根部开裂或倾覆、坍塌。

（4）砂浆、混凝土配合比控制不严，任意加水，强度得不到保证。

（5）屋面、厨房渗水、漏水。

（6）墙面抹灰起壳、裂缝、起麻点、不平整。

（7）地面及楼面起砂、起壳、开裂。

（8）门窗变形、缝隙过大、密封不严。

8.1.2 工程质量缺陷的成因

因为工程建设工期长，所用材料品种繁杂，影响施工质量的因素多，所以引起工程质量缺陷的成因也错综复杂，一项质量缺陷往往并非由单一原因所引起。人们经过大量的质量缺陷调查与分析，其成因可归纳为如下十个方面：

（1）违背基本建设程序　基本建设程序是工程项目建设过程及其客观规律的反映，不按建设程序办事，例如：未搞清地质情况就仓促开工，边设计、边施工，无图施工，不经竣工验收就交付使用等常是导致工程质量缺陷的重要原因。

（2）违反法律法规　工程建设领域违反法律法规的表现形式多种多样，例如：无证设计，无证施工，越级设计，越级施工，转包、挂靠，工程招投标中的不公平竞争，超常的低价中标，非法分包，擅自修改设计等行为。

（3）地勘数据失真　岩土工程勘察失误的案例并不鲜见。例如：未认真进行地质勘察或勘探时钻孔深度、间距、范围不符合规定要求；地质勘察报告不详细、不准确、不能全面反映实际的地基情况，从而使得地下情况不清；或对基岩起伏、土层分布误判；或未查清地下软土层、墓穴、孔洞等，均会导致采用不恰当或错误的基础方案，造成地基不均匀沉降、失稳，使上部结构或墙体开裂、破坏，或引发建筑物倾斜、倒塌等质量缺陷或质量事故。

（4）设计差错　设计差错可能是结构布置问题，也可能是图纸缺陷或计算错误。例如：盲目套用图纸，采用不正确的结构方案，计算简图与实际受力情况不符，荷载取值过小，内力分析有误，沉降缝或变形缝设置不当，悬挑结构未进行抗倾覆验算，以及计算错误等，都是引发质量缺陷的原因。

（5）施工与管理不到位　不按图施工或未经设计单位同意擅自修改设计。例如：将铰接做成刚接，将简支梁做成连续梁，导致结构破坏；挡土墙不按施工图要求设滤水层、排水孔，导致压力增大，使墙体破坏或倾覆；不按有关的施工规范和操作规程施工，浇筑混凝土时振捣不良，造成薄弱部位；砖砌体砌筑形成上下通缝、灰浆不饱满等情形，均能导致砖墙或砖柱破坏。施工组织管理紊乱，不熟悉图纸，盲目施工；施工方案考虑不周，施工顺序颠倒；图纸未经会审，仓促施工；技术交底不清，违章作业；疏于检查、验收等，均可能导致质量缺陷产生。

（6）操作工人素质差　操作工人素质体现在思想素质、业务素质和身体素质三个方面。近年来，施工操作人员的素质有下降的趋势，过去师傅带徒弟的技术传承方式没有了，熟练工人的总体数量无法满足全国大量开工的基本建设需求，工人流动性大，缺乏培训，操作技能差，质量意识和安全意识差。这是导致工程施工质量缺陷的潜在因素。

（7）使用不合格的原材料、构配件和设备　假冒伪劣材料、构配件和设备的大量出现，一旦把关不严，不合格的建筑材料及制品被用于工程，就会导致质量隐患，造成质量缺陷和质量事故。例如：钢筋物理力学性能不良会导致钢筋混凝土结构产生裂缝；集料中碱活性物质会导致碱集料反应使混凝土开裂；水泥安定性不合格会造成混凝土爆裂；水泥受潮、过期、结块，砂石含泥量及有害物含量超标，外加剂掺量等不符合要求时，会影响混凝土强度、和易性、密实性、抗渗性，从而导致混凝土结构强度不足、裂缝、渗漏等质量缺陷。此外，预制构件截面尺寸不足、支承锚固长度不足、未可靠地建立预应力值、漏放或少放钢筋、板面开裂等均可能出现断裂、坍塌；变配电设备质量缺陷可能导致自燃或火灾，电梯质量不合格危及人身安全，均可造成质量缺陷或质量事故。

（8）自然环境因素　空气温度、湿度，暴雨，大风，洪水，雷电，日晒和浪潮等自然环境因素可能成为质量缺陷的诱因。

（9）盲目抢工　盲目压缩工期，不尊重质量、进度、造价的内在规律，也会造成工程施工质量缺陷。

（10）使用不当　对建筑物或设施使用不当，也可能造成质量缺陷。例如：装修中未经校核验算就任意对建筑物加层，任意拆除承重结构构件，任意在结构物上开槽、打洞、削弱承重结构截面等，都有可能导致质量缺陷或质量事故。

8.1.3　工程质量缺陷的处理

工程质量缺陷宜早发现、早处理，消灭在萌芽状态。质量指标开始下降，出现有个别的与质量标准稍有偏离的检测数据，这并不影响产品合格检验，但应处理质量缺陷，如混凝土表面的麻面、小面积蜂窝等。这时应及时召开质量问题分析会，采取措施纠正，扭转质量下降的趋势。如果正在发生质量缺陷，或已经出现质量缺陷，应暂停施工；当采取了保证施工质量的有效措施，并对缺陷进行了正确的补救处理后方可复工。

工程质量缺陷的技术处理方案有修补处理、返工处理和不做处理三种，可从中选择最适用的方案来处理某一个具体的缺陷。

（1）修补处理　当工程的某个检验批、分项工程或分部工程的质量虽未达到规范、标准或设计规定的要求，存在一定的缺陷，但如果通过修补或更换构配件、设备后可以达到要求的质量标准，又不影响使用功能或外观的要求时，则可采取修补处理的方法。

修补处理方案的具体措施较多，比如封闭保护、复位纠偏、结构补强（加固）、表面处理等措施。对于混凝土表面开裂的一般质量缺陷，可仅做表面封闭处理；混凝土结构表面局部蜂窝、麻面，可进行剔凿、抹灰等表面处理，一般不会影响其使用和外观；对于较严重的质量缺陷，可能会影响结构的安全性和使用功能的，必须对结构进行加固补强处理，这样通常会造成一些永久性缺陷，比如改变结构外形尺寸、影响一些次要的使用功能等。

（2）返工处理　在工程质量未达到规定的标准和要求、存在严重质量缺陷、对结构的安全和使用功能构成重大影响且又无法通过修补处理的情况下，可对检验批、分项工程、分部工程甚至整个工程返工处理。

对某些存在严重质量缺陷且无法采用加固补强等修补处理或修补处理费用比原工程造价还高的工程，应进行整体拆除，全面返工。

（3）不做处理　某些工程质量缺陷，经过分析、论证、法定检测单位鉴定和设计单位认可，对工程或结构安全和使用影响不大，也可不做专门处理。工程质量缺陷不做处理的情况有以下四种：

① 不影响结构安全性和正常使用功能的质量缺陷。

② 后道工序可以弥补的质量缺陷。

③ 法定检测单位鉴定合格。

④ 出现的质量缺陷，经检测鉴定达不到设计要求，但经原设计单位核算，仍能满足结构安全和使用功能。

不论哪种情况，特别是不做处理的质量缺陷，均要备好必要的书面文件，工程监理单位需对技术处理方案、不做处理结论和各方协商文件等有关档案资料认真组织签认，对责任方应承担的经济责任和合同中约定的罚则应正确判定。

发生工程质量缺陷后，施工单位应进行质量缺陷调查，分析质量缺陷产生的原因，提出经设计等相关单位认可的处理方案，报送项目监理机构审查并签署意见。施工单位按照审查合格的处理方案实施处理，完工后在自检合格的基础上，由监理单位对处理结果进行验收。

8.2 工程质量事故

所谓事故，就是发生于预期之外的造成人身伤害或财产或经济损失的事件。事故是发生在人们的生产、生活活动中的意外事件。

房屋建筑和市政基础设施工程质量事故，是指由于建设、勘察、设计、施工、监理等单位违反工程质量有关法律法规和工程建设标准，使工程产生结构安全、重要使用功能等方面的质量缺陷，造成人身伤亡或者重大经济损失的事故。而公路水运建设工程质量事故，则是指公路水运建设工程项目在缺陷责任期结束前，由于施工或勘察设计等原因使工程不满足技术标准及设计要求，并造成结构损毁或一定直接经济损失的事故。

8.2.1 工程质量事故等级划分

根据中华人民共和国住房和城乡建设部《关于做好房屋建筑和市政基础设施工程质量事故报告和调查处理工作的通知》（建质〔2010〕111号），按照工程质量事故造成的人员伤亡或者直接经济损失的不同，房屋建筑和市政基础设施工程质量事故分为特别重大事故、重大事故、较大事故和一般事故4个等级。对于无人员伤亡、直接经济损失不到100万元的质量缺陷，可称为工程质量问题。

（1）特别重大事故，是指造成30人以上死亡，或者100人以上重伤（包括急性工业中毒，下同），或者1亿元以上直接经济损失的事故；

（2）重大事故，是指造成10人以上30人以下死亡，或者50人以上100人以下重伤，或者5000万元以上1亿元以下直接经济损失的事故；

（3）较大事故，是指造成3人以上10人以下死亡，或者10人以上50人以下重伤，或者1000万元以上5000万元以下直接经济损失的事故；

（4）一般事故，是指造成3人以下死亡，或者10人以下重伤，或者100万元以上1000万元以下直接经济损失的事故。

上述等级划分所称的"以上"包括本数，所称的"以下"不包括本数。"重伤"是指损失工作日等于和超过105个工作日的失能伤害，重伤损失工作日最多不超过6000工作日；损失1个工作日至105个工作日以下的失能伤害，则为"轻伤"。

在交通运输行业，按照《交通运输部办公厅关于印发公路水运建设工程质量事故等级划分和报告制度的通知》（交办安监〔2016〕146号），《公路水运建设工程质量事故等级划分和报告制度》根据直接经济损失或工程结构损毁情况（自然灾害所致除外），公路水运建设工程质量事故分为特别重大质量事故、重大质量事故、较大质量事故和一般质量事故4个等级；直接经济损失在一般质量事故以下的为质量问题。

（1）特别重大质量事故，是指造成直接经济损失1亿元以上的事故。

（2）重大质量事故，是指造成直接经济损失5000万元以上1亿元以下，或者特大桥主体结构垮塌、特长隧道结构坍塌，或者大型水运工程主体结构垮塌、报废的事故。

（3）较大质量事故，是指造成直接经济损失1000万元以上5000万元以下，或者高速公路项目中桥或大桥主体结构垮塌、中隧道或长隧道结构坍塌、路基（行车道宽度）整体滑移，或者中型水运工程主体结构垮塌、报废的事故。

（4）一般质量事故，是指造成直接经济损失 100 万元以上 1000 万元以下，或者除高速公路以外的公路项目中桥或大桥主体结构垮塌、中隧道或长隧道结构坍塌，或者小型水运工程主体结构垮塌、报废的事故。

8.2.2　工程质量事故的特点

工程质量事故具有复杂性、严重性、可变性和多发性的特点。

（1）复杂性　影响工程质量的因素繁多，造成质量事故的原因错综复杂，即使是同一类质量事故，而原因却可能多种多样截然不同。使得对质量事故进行分析，判断其性质、原因及发展，确定处理方案与措施等都增加了复杂性及困难。

（2）严重性　工程项目一旦出现质量事故，其影响较大。轻者影响施工顺利进行、拖延工期、增加工程费用，重者则会留下隐患成为危险的建筑，影响使用功能或不能使用，更严重的还会引起建筑物的失稳、倒塌，造成人民生命、财产的巨大损失。所以对于建设工程质量问题和质量事故均不能掉以轻心，必须予以高度重视。

（3）可变性　许多工程的质量缺陷出现后，其质量状态并非稳定于发现的初始状态，而是有可能随着时间而不断地发展、变化。因此，有些在初始阶段并不严重的质量缺陷，如不能及时处理和纠正，有可能发展成一般质量事故，一般质量事故有可能发展成为较大或重大质量事故。所以，在分析、处理工程质量缺陷时，一定要注意问题的可变性，应及时采取可靠的措施，防止其进一步恶化而发生质量事故；或加强观测与试验，取得数据，预测未来发展的趋势。

（4）多发性　建设工程中的质量事故，往往在一些工程部位中经常发生。因此，总结经验，吸取教训，采取有效措施予以预防十分必要。

8.2.3　工程质量事故行政处理

建设工程一旦发生质量事故，除相关行业有特殊要求外，应按照《关于做好房屋建筑和市政基础设施工程质量事故报告和调查处理工作的通知》（建质〔2010〕111 号）的要求，现场人员应立即向有关部门报告，由各级政府建设行政主管部门按事故等级划分开展相关的工程质量事故调查，明确相应责任单位，提出相应的处理意见。

（1）事故报告　工程质量事故发生后，事故现场有关人员应当立即向工程建设单位负责人报告；工程建设单位负责人接到报告后，应于 1 小时内向事故发生地县级以上人民政府住房和城乡建设主管部门及有关部门报告。情况紧急时，事故现场有关人员可直接向事故发生地县级以上人民政府住房和城乡建设主管部门报告。

住房和城乡建设主管部门接到事故报告后，应当依照下列规定上报事故情况，并同时通知公安、监察机关等有关部门：

① 较大、重大及特别重大事故逐级上报至国务院住房和城乡建设主管部门，一般事故逐级上报至省级人民政府住房和城乡建设主管部门，必要时可以越级上报事故情况。

② 住房和城乡建设主管部门上报事故情况，应当同时报告本级人民政府；国务院住房和城乡建设主管部门接到重大和特别重大事故的报告后，应当立即报告国务院。

③ 住房和城乡建设主管部门逐级上报事故情况时，每级上报时间不得超过 2 小时。

④ 事故报告应包括下列内容：事故发生的时间、地点，工程项目名称，工程各参建单位名称；事故发生的简要经过、伤亡人数（包括下落不明的人数）和初步估计的直接经济损

失；事故的初步原因；事故发生后采取的措施及事故控制情况；事故报告单位、联系人及联系方式；其他应当报告的情况。

⑤ 事故报告后出现新情况，以及事故发生之日起 30 日内伤亡人数发生变化的，应当及时补报。

（2）事故调查　住房和城乡建设主管部门应当按照有关人民政府的授权或委托，组织或参与事故调查组，对事故进行调查，并履行下列职责：

① 核实事故基本情况，包括事故发生的经过、人员伤亡情况及直接经济损失。

② 核查事故项目基本情况，包括项目履行法定建设程序情况、工程各参建单位履行职责的情况。

③ 依据国家有关法律法规和工程建设标准分析事故的直接原因和间接原因，必要时组织对事故项目进行检测鉴定和专家技术论证。

④ 认定事故的性质和事故责任。

⑤ 依照国家有关法律法规提出对事故责任单位和责任人员的处理建议。

⑥ 总结事故教训，提出防范和整改措施。

⑦ 提交事故调查报告。事故调查报告应当包括下列内容：事故项目及各参建单位概况，事故发生经过和事故救援情况，事故造成的人员伤亡和直接经济损失，事故项目有关质量检测报告和技术分析报告，事故发生的原因和事故性质，事故责任的认定和事故责任者的处理建议，事故防范和整改措施。

事故调查报告应当附具有关证据材料。事故调查组成员应当在事故调查报告上签名。

（3）事故处理　住房和城乡建设主管部门应当依据有关人民政府对事故调查报告的批复和有关法律法规的规定，对事故相关责任者实施行政处罚。处罚权限不属本级住房和城乡建设主管部门的，应当在收到事故调查报告批复后 15 个工作日内，将事故调查报告（附具有关证据材料）、结案批复、本级住房和城乡建设主管部门对有关责任者的处理建议等转送有权限的住房和城乡建设主管部门。

住房和城乡建设主管部门应当依据有关法律法规的规定，对事故负有责任的建设、勘察、设计、施工、监理等单位和施工图审查、质量检测等有关单位分别给予罚款、停业整顿、降低资质等级、吊销资质证书其中的一项或多项处罚，对事故负有责任的注册执业人员分别给予罚款、停止执业、吊销执业资格证书、终身不予注册其中的一项或多项处罚。

（4）其他要求　事故发生地住房和城乡建设主管部门接到事故报告后，其负责人应立即赶赴事故现场，组织事故救援。

发生一般及以上事故，或者领导有批示要求的，设区的市级住房和城乡建设主管部门应派人赶赴现场了解事故有关情况。发生较大及以上事故，或者领导有批示要求的，省级住房和城乡建设主管部门应派人赶赴现场了解事故有关情况。发生重大及以上事故，或者领导有批示要求的，国务院住房和城乡建设主管部门应根据相关规定派人赶赴现场了解事故有关情况。

【附加阅读材料：公路水运建设工程质量事故报告制度】

工程项目交工验收前，施工单位为工程质量事故报告的责任单位；自通过交工验收至缺陷责任期结束，由负责项目交工验收管理的交通运输主管部门明确项目建设单位或管养单位作为工程质量事故报告的责任单位。一般及以上工程质量事故均应报告。事故报告责任单位应在应急预案或有关制度中明确事故报告责任人。事故报告应及时、准确，任何单位和个人不得迟报、漏报、谎报或瞒报。

事故发生后，现场有关人员应立即向事故报告责任单位负责人报告。事故报告责任单位应在接报 2 小时内，核实、汇总并向负责项目监管的交通运输主管部门及其工程质量监督机构报告。接收事故报告的单位和人员及其联系电话应在应急预案或有关制度中予以明确。

重大及以上质量事故，省级交通运输主管部门应在接报 2 小时内进一步核实，并按工程质量事故快报统一报交通运输部应急办转部工程质量监督管理部门；出现新的经济损失、工程损毁扩大等情况的应及时续报。省级交通运输主管部门应在事故情况稳定后的 10 日内汇总、核查事故数据，形成质量事故情况报告，报交通运输部工程质量监督管理部门。对特别重大质量事故，交通运输部将按《交通运输部突发事件应急工作暂行规范》由交通运输部应急办会同部工程质量监督管理部门及时向国务院应急办报告。

工程质量事故发生后，事故发生单位和相关单位应按照应急预案规定及时响应，采取有效措施防止事故扩大。同时，应妥善保护事故现场及相关证据，任何单位和个人不得破坏事故现场。因抢救人员、防止事故扩大及疏导交通等原因需要移动事故现场物件的，应做出标识，保留影像资料。

省级交通运输主管部门应每半年对一般及以上工程质量事故情况进行统计，当年 7 月上旬和次年 1 月上旬前分别向交通运输部工程质量监督管理部门报送上、下半年的质量事故统计分析报告。

8.2.4 工程质量事故技术处理

工程质量事故技术处理包括确定技术处理方案、实施处理方案以及处理后的鉴定验收、验收结论，其目的是消除质量缺陷以达到建筑物的安全可靠、正常使用的功能要求，并保证后续施工的正常进行。为此，确定事故性质要准确，是表面性还是实质性、是结构性还是一般性、是迫切性还是可缓性；确定处理范围要正确，除直接发生的部位，还应检查事故相邻影响作用范围的结构部位或构件。工程质量事故技术处理的基本要求是：安全可靠、不留隐患，满足建筑物的功能和使用要求，技术可行、经济合理。

（1）确定技术处理方案　工程质量事故处理方案的确定，要以分析事故调查报告中事故原因为基础，结合实地勘查成果，并尽量满足建设单位的要求。因同类和同一性质的事故常可以选择不同的处理方案，故在确定处理方案时，应重视工程实际条件，如建筑物实际状态、材料实测性能、各种作用的实际情况等，以确保做出正确判断和选择。

可选择的工程质量事故处理方案有三类，即修补处理、返工处理和不做处理。选择处理方案是复杂而重要的工作，它直接关系到工程的质量、费用和工期。有一些辅助方法可以帮助人们决策，那就是试验验证、定期观测、专家论证和方案比较等。

质量事故技术处理方案一般由施工单位提出，并经设计等相关单位认可。但是，如果是由设计原因造成的质量事故，则应由设计单位提出技术处理方案。处理方案由项目监理机构签署后交施工单位实施。

（2）实施处理方案以及处理后的鉴定验收　工程质量事故的技术处理是否达到了预期目的——消除工程质量缺陷，是否仍留有隐患，项目监理机构应通过组织检查和必要的鉴定，对此进行验收并予以最终确认。项目监理机构还需向建设单位提交质量事故书面报告。

① 检查验收。工程质量事故技术处理完成后，项目监理机构在施工单位自检合格的基础上，应严格按照施工验收标准及有关规范的规定进行检查，依据质量事故技术处理方案设计要求，通

过实际量测，对各种资料数据进行验收，并应办理验收手续，组织各有关单位会签。

② 必要的鉴定。为确保工程质量事故的处理效果，凡涉及结构承载力等使用安全和其他重要性能的处理工作，常需做必要的试验和检验鉴定工作。如果质量事故处理施工过程中建筑材料及构配件保证资料严重缺乏，或对检查验收结果各参与单位有争议时，常见的检验工作有：混凝土钻芯取样，用于检查密实性和裂缝修补效果，或检测实际强度；结构荷载试验，确定其承载力；超声波检测焊缝或结构内部质量；池、罐、箱柜工程的渗漏检验等。检测鉴定必须委托具有资质的法定检测机构进行。

（3）验收结论　对所有质量事故，无论是经过技术处理、通过检查鉴定验收的，还是不需专门处理的，均应有明确的书面结论。若对后续工程施工有特定要求，或对建筑物使用有一定限制条件，应在结论中提出。验收结论通常有以下几种：

① 事故已排除，可以继续施工；

② 隐患已消除，结构安全有保证；

③ 经修补处理后，完全能够满足使用要求；

④ 基本上满足使用要求，但使用时应有附加限制条件，例如限制荷载等；

⑤ 对耐久性的结论；

⑥ 对建筑物外观影响的结论；

⑦ 对短期内难以做出结论的，可提出进一步观测检验意见。

对于处理后符合《建筑工程施工质量验收统一标准》（GB 50300—2013）规定的，监理人员应予以验收、确认，并应注明责任方承担的经济责任。对经加固补强或返工处理仍不能满足安全使用要求的分部工程、单位工程（子单位工程），应拒绝验收。

复习题

8-1　试对如下名词做出解释或给出定义：不合格、缺陷、工程质量缺陷、事故、重伤、轻伤。

8-2　工程质量缺陷如何分类？

8-3　简述建筑安装工程中常见的质量通病。

8-4　工程质量缺陷的形成原因（成因）有哪些？

8-5　工程质量缺陷可能采用的技术处理方案有哪几类？它们各适合在什么情况下采用？

8-6　何谓房屋建筑和市政基础设施工程的质量事故？如何划分等级？

8-7　简述公路水运建设工程质量事故的概念和等级划分。

8-8　工程质量事故有哪些特点？

8-9　发生工程质量事故后，有关单位人员应及时逐级向上报告。如果某楼盘施工过程中发生一般质量事故，试简述事故报告的内容和上报的行政层级。

8-10　建筑工程质量事故出现后，住房和城乡建设主管部门应当按照有关人民政府的授权或委托，组织或参与事故调查组对事故进行调查，其职责之一是提交事故调查报告，试简述该调查报告应包括的内容。

8-11　施工单位对工程质量事故技术处理完工后，在自检合格的基础上，项目监理机构按规定组织验收。验收结论通常有哪些？

8-12　一旦出现工程质量缺陷，相关单位应按照规定的_____和预案进行_____，尽量减少由此引起的损失。

8-13 工程质量缺陷可分为施工过程中的质量缺陷和永久质量缺陷，其中施工过程中的质量缺陷又可以分为_____和_____。按其严重程度不同，工程质量缺陷可分为_____和_____。

8-14 修补处理方案的具体措施较多，比如_____、_____、_____、表面处理等措施。

8-15 房屋建筑和市政基础设施工程质量事故中，重大事故是指造成_____死亡，或者_____重伤，或者_____直接经济损失的事故。

8-16 公路水运建设质量事故中，一般质量事故是指造成直接经济损失_____，或者除高速公路以外的公路项目中桥或大桥_____、中隧道或长隧道_____，或者小型水运工程主体结构_____的事故。

8-17 对于_____人员伤亡、直接经济损失_____的建筑工程质量缺陷，可称为工程质量问题。

8-18 住房和城乡建设主管部门应当依据有关法律法规的规定，对工程质量事故负有责任的注册执业人员分别给予_____、_____、_____、_____其中一项或多项处罚。

8-19 为确保工程质量事故的处理效果，凡涉及结构_____等使用安全和其他_____的处理工作，常需做必要的_____和_____鉴定工作。

8-20 当工程产品质量没有满足某个规定的要求时，就称之为（　　）。

　　A. 质量事故　　　　B. 质量不合格　　C. 质量问题　　　　D. 质量通病

8-21 由于工程质量缺陷造成人员死亡或重伤，或直接经济损失在（　　）万元以上者，称为工程质量事故。

　　A. 100　　　　　　B. 200　　　　　　C. 300　　　　　　D. 500

8-22 直接经济损失在（　　）万元以上的工程质量事故为特别重大事故。

　　A. 1000　　　　　B. 3000　　　　　C. 5000　　　　　D. 10000

8-23 某建筑工程质量事故造成0人死亡、10人重伤、直接经济损失120万元，则该质量事故的等级划分为（　　）。

　　A. 特别重大事故　　B. 重大事故　　　C. 较大事故　　　　D. 一般事故

8-24 住房和城乡建设主管部门逐级上报事故情况时，每级上报时间不得超过（　　）小时。

　　A. 2　　　　　　　B. 4　　　　　　　C. 8　　　　　　　D. 24

8-25 因设计错误所致的工程质量事故，技术处理方案应由（　　）提出。

　　A. 设计单位　　　　B. 施工单位　　　C. 监理单位　　　　D. 咨询单位

8-26 工程质量事故技术处理完毕，经检查验收合格后，应由（　　）编写质量事故处理报告。

　　A. 责任单位　　　　B. 施工单位　　　C. 建设单位　　　　D. 监理单位

8-27 工程质量事故具有（　　）的特点。

　　A. 复杂性　　　　　B. 严重性　　　　C. 可变性

　　D. 多发性　　　　　E. 经济性

8-28 工程质量事故技术处理方案的类型可分为（　　）。

　　A. 修补处理　　　　B. 返工处理　　　C. 限制使用

D. 观察研究　　　E. 不做处理

8-29　工程质量事故处理验收，可能的结论有（　　）。

A. 事故已排除，可继续施工　　　B. 隐患已消除，结构安全有保证

C. 经修补处理后，完全能满足使用要求　D. 对维修性的结论

E. 对耐久性的结论和对建筑物外观影响的结论

附录 A　模拟试题及参考答案

模拟试题 1

一、单项选择题（每小题 2 分，共 20 分）

1. 硬件是有形产品，由制作的零件和部件（构件）组成，其量具有（　　）。

    A. 随机的特性　　　　B. 连续的特性　　　　C. 计数的特性　　　　D. 可变的特性

2. 4Y 质量管理模式指的是 4 个到位（Yes），即计划到位、责任到位、（　　）和激励到位。

    A. 管理到位　　　　B. 检查到位　　　　C. 领导到位　　　　D. 员工到位

3. 卓越绩效模式要求组织的绩效评价应体现结果导向，关注关键的结果。分七个类目定量评分，总分 1000 分，其中"结果"类目就占（　　）分。

    A. 100　　　　B. 110　　　　C. 130　　　　D. 400

4. 工程勘察的主要任务是正确反映工程地质条件，提出岩土工程评价，为工程（　　）提供依据。

    A. 质量管理　　　　B. 咨询成果评审　　　　C. 设计与施工　　　　D. 项目营运

5. 观察工序产品质量分布状况，一是看（　　），二是看分布的离散程度。

    A. 分布中心位置　　　B. 极差　　　C. 标准偏差　　　D. 变异系数

6. 住房和城乡建设主管部门逐级上报事故情况时，每级上报时间不得超过（　　）小时。

    A. 2　　　　B. 4　　　　C. 8　　　　D. 24

7. 抽样检验中，将不合格品判为合格而误收时所发生的风险称为（　　）。

    A. 供方风险　　　B. 用户风险　　　C. 生产方风险　　　D. 系统风险

8. 对生产过程进行动态控制的方法是（　　）。

    A. 控制图法　　　B. 排列图法　　　C. 直方图法　　　D. 因果分析图法

9. 系统性因素引起的质量变异，一般属于（　　）。

    A. 正常变异　　　B. 常规变异　　　C. 随机变异　　　D. 有规律变异

10. 按同一的生产条件或按规定的方式汇总起来供检验用的，由一定数量样本组成的检验体，称之为（　　）。

    A. 主控项目　　　B. 一般项目　　　C. 检验批　　　D. 保证项目

二、多项选择题（每小题 4 分，共 20 分）

11. 人员素质是影响工程质量的重要因素之一，除此之外，还有（　　）。

    A. 工程材料　　　B. 机械设备　　　C. 评价方法

    D. 施工方法　　　E. 环境条件

12. 工程施工质量控制的主要依据有（　　）。

    A. 施工合同和设计文件　　　　　　　　B. 质量管理体系文件

C. 质量手册　　　　　　　　　　　D. 质量管理方面的法律法规

E. 有关质量检验和控制的专门技术法规性文件

13. 分部工程应由总监理工程师组织施工单位项目负责人和技术、质量负责人等进行验收，
（　　）应参加地基与基础分部工程的质量验收。

A. 勘察、设计单位项目负责人　　　B. 质量监督机构负责人

C. 施工单位技术、质量部门负责人　D. 业主代表（建设单位代表）

E. 专业工程师

14. 在下述影响质量变异的因素中，（　　）属于偶然因素。

A. 材质有微小差异　　B. 机具正常磨损　　C. 违反操作规程

D. 操作微小变化　　　E. 气候微小变化

15. 成品保护的一般措施有（　　）。

A. 防护、包裹　　　　B. 旁站　　　　　　C. 覆盖、封闭

D. 巡视　　　　　　　E. 合理安排施工工序

三、名词解释（每小题 5 分，共 20 分）

16. 产品

17. 质量管理

18. 主控项目

19. 文件

四、简答题（每小题 6 分，共 30 分）

20. 图纸会审的目的。

21. 工程常用检测方法。

22. 质量数据收集方法。

23. 工程质量事故的特点。

24. 工程设计分哪几个阶段？

五、综合题（每小题 10 分，共 10 分）

25. 建设工程竣工验收应具备哪些条件，单位工程的验收程序是什么？

模拟试题 1 参考答案

一、单项选择题（每小题 2 分，共 20 分）

1. C　　　2. B　　　3. D　　　4. C　　　5. A
6. A　　　7. B　　　8. A　　　9. D　　　10. C

二、多项选择题（每小题 4 分，共 20 分）

11. A B D E　　　12. A D E　　　13. A C
14. A B D E　　　15. A C E

三、名词解释（每小题 5 分，共 20 分）

16. 在组织和顾客之间未发生任何交易的情况下，组织能够产生的输出，称为产品。

17. 质量管理就是关于质量的管理。或指挥和控制组织关于质量的协调活动，包括制定质量方针和质量目标，以及通过质量策划、质量保证、质量控制和质量改进而实现这些质量目标的过程。

18. 建筑工程中的对安全、卫生、环境保护和公众利益起决定性作用的检验项目。

19. 信息承载的媒体。

四、简答题（每小题 6 分，共 30 分）

20. (1) 使施工单位和各参建单位熟悉设计图纸，了解工程特点和设计意图，找出需要解决的技术难题，并制定解决方案。

(2) 解决图纸中存在的问题，减少图纸差错，将图纸质量隐患消灭在萌芽之中。

21. 目测法、量测法、试验法。

22. 全数检验、随机抽样检验。

23. 复杂性、严重性、可变性、多发性。

24. 方案设计阶段、初步设计阶段、施工图设计阶段。

五、综合题（每小题 10 分，共 10 分）

25. 建设工程竣工验收应具备的条件：

(1) 完成建设工程设计和合同约定的各项内容；

(2) 有完整的技术档案和施工管理资料；

(3) 有工程使用的主要建筑材料、构配件和设备的进场试验报告；

(4) 有勘察、设计、施工、监理等单位分别签署的质量合格文件；

(5) 有施工单位签署的工程保修书。

单位工程的验收程序：

(1) 施工单位自查、自评；

(2) 填写竣工报验单，资料报送监理机构，申请验收；

(3) 总监理组织各专业监理进行预验收，发现问题，提出整改意见；

(4) 预验收合格，由总监理签署工程竣工报验单，并向建设单位提出质量评估报告；

(5) 建设单位收到工程验收报告后，组织有关人员正式验收。

模拟试题 2

一、单项选择题（每小题 2 分，共 20 分）

1. 工程项目质量控制中，工程建设监理质量控制的特点是（　　）控制。

　A. 内部的、自身的　　　　　　　　　B. 内部的、纵向的

　C. 外部的、横向的　　　　　　　　　D. 外部的、纵向的

2. 不易或不能经济地确认其输出是否合格的过程，称为（　　）过程。

　A. 例外　　　　　　B. 补充　　　　　　C. 附加　　　　　　D. 特殊

3. 监理工程师应要求（　　）对给定的原始基准点、基准线和标高等测量控制点进行复核。

　A. 施工承包单位　　B. 建设单位　　　　C. 分包单位　　　　D. 设计单位

4. 对于工程中所用的主要材料和设备，在订货之前施工单位应进行申报，经（　　）论证同意后，方可订货采购。

　　A. 设计单位　　　　B. 监理工程师　　　C. 业主　　　　　　D. 主管部门

5. 由于工程质量缺陷造成人员死亡或重伤，或直接经济损失在（　　）万元以上者，称为工程质量事故。

　A. 100　　　　　　B. 200　　　　　　C. 300　　　　　　D. 500

6. 对于计数检验，当采用一次抽样方案进行实际检验时，检验出不合格品数为 d，若（　　），则可判定为不合格批，拒收该检验批。

　A. $d < C$　　　　　B. $d = C$　　　　　C. $d \leqslant C$　　　　D. $d > C$

7. 检验批的合格质量主要取决于主控项目和（　　）的检验结果。

　A. 保证项目　　　　B. 一般项目　　　　C. 基本项目　　　　D. 允许偏差项目

8. 对生产过程进行动态控制的方法是（　　）。

　A. 控制图法　　　　B. 排列图法　　　　C. 直方图法　　　　D. 因果分析图法

9. 从影响质量波动的原因看，施工过程中应着重控制（　　）。

　A. 偶然性原因　　　B. 4M1E 原因　　　C. 系统性原因　　　D. 物的原因

10. 工程质量事故技术处理完毕，经检查验收合格后，应由（　　）编写质量事故处理报告。

　A. 责任单位　　　　B. 施工单位　　　　C. 建设单位　　　　D. 监理单位

二、多项选择题（每小题 4 分，共 20 分）

11. 工程勘察设计质量管理或控制的依据是（　　）。

　A. 法律、法规　　　B. 工程建设的技术标准　　C. 项目批准文件

　D. 招标文件　　　　E. 勘察设计纲要

12. 卓越绩效管理模式由卓越绩效评价准则具体体现，其实质可以归纳为：强调"大质量"观，以及（　　）。

　A. 关注竞争力提升　　B. 聚焦于结果　　　C. 提供了先进的管理方法

　D. 是一个符合性标准　　E. 是一个成熟度标准

13. 建设工程施工质量验收层次划分的目的是实施对工程质量的（　　）。

　A. 过程控制　　　　B. 终端把关　　　　C. 完善手段

　D. 验评分离　　　　E. 强化验收

14. 工程质量事故具有（　　）的特点。

A. 复杂性   B. 严重性   C. 可变性

D. 多发性   E. 经济性

15. 反映质量数据集中位置的特征值有（　　　）。

A. 平均值   B. 极差   C. 中位数

D. 变异系数   E. 标准偏差

三、填空题（每空 2 分，共 20 分）

16. 质量保证是质量管理的一部分，致力于提供质量要求会得到满足的_____；而质量控制也是质量管理的一部分，致力于_____要求。

17. 勘探可以查明岩土的性质和分布，采取岩土试样、进行原位测试。工程实践中常用的勘探方法有_____、_____和_____三种。

18. 对不合格品的现场管理，主要应做好两项工作：一是_____工作，二是_____工作。

19. 修补处理方案的具体措施较多，比如_____、_____、_____、表面处理等措施。

四、简答题（每小题 6 分，共 30 分）

20. 产品类别。

21. 质量管理原则。

22. 设计交底的目的。

23. 分项工程合格的条件。

24. 建设工程质量管理制度。

五、综合题（每小题 10 分，共 10 分）

25. 已知某产品的一项质量特性数据服从正态分布，其公差标准为 500^{+20}_{-70}，抽样检验得到样本的平均值为 465、标准差为 10。试求：（1）公差上限、下限，公差带和公差中心；（2）计算工序能力指数并予以评价。

模拟试题 2 参考答案

一、单项选择题（每小题 2 分，共 20 分）

1. C	2. D	3. A	4. B	5. A
6. D	7. B	8. A	9. C	10. D

二、多项选择题（每小题 4 分，共 20 分）：

11. A B E   12. A B C E   13. A B

14. A B C D   15. A C

三、填空题（每空 2 分，共 20 分）

16. 信任，满足。

17. 坑探，钻探，触探。

18. 标记，隔离。

19. 封闭保护，复位纠偏，结构补强（加固）。

四、简答题（每小题 6 分，共 30 分）

20. 硬件、软件、服务、流程性材料。

21.（1）以顾客为关注焦点；（2）领导作用；（3）全员积极参与；（4）过程方法；（5）改进；（6）循证决策；（7）关系管理。

22. 对施工单位和监理单位正确贯彻设计意图，使其加深对设计文件特点、难点、疑点的理解，掌握关键工程部位的质量要求，确保工程质量。

23. 所含检验批的质量均应验收合格，所含检验批质量验收记录应完整。

24. 工程质量监督，施工图设计文件审查，工程施工许可，工程质量检测，工程竣工验收与备案，工程质量保修。

五、综合题（每小题 10 分，共 10 分）

25. （1）公差计算

公差上限：$T_U = 500 + 20 = 520$，公差下限：$T_L = 500 - 70 = 430$

公 差 带：$T = T_U - T_L = 520 - 430 = 90$

公差中心：$M = (T_U + T_L)/2 = (520 + 430)/2 = 475$

（2）工序能力指数　公差中心 475 与质量中心 465 不重合，需要考虑偏移的影响：

$$E = M - \overline{x} = 475 - 465 = 10$$

$$k = \frac{|E|}{T/2} = \frac{2 \times 10}{90} = 0.2222$$

$$C_p = \frac{T}{6S} = \frac{90}{6 \times 10} = 1.50$$

$C_{pk} = (1 - k)C_p = (1 - 0.2222) \times 1.50 = 1.17$，工序能力等级为二级，工序能力尚可。

模拟试题 3

一、单项选择题（每小题 2 分，共 20 分）

1. 在质量管理中主动采取措施，使产品质量在原有基础上大幅提高，这就是（　　）。

    A. 质量目标　　　　　B. 质量改进　　　　　C. 质量控制　　　　　D. 质量保证

2. 房屋结构外墙，如果使用时出现渗水现象，施工单位应在竣工验收合格之日起（　　）内对其进行保修。

    A. 一年　　　　　　　B. 三年　　　　　　　C. 五年　　　　　　　D. 七年

3. 文件是（　　）承载的媒体，一共有六类。

    A. 信息　　　　　　　B. 记录　　　　　　　C. 报告　　　　　　　D. 批示

4. 质量管理体系的内部审核应由（　　）参与，以保证其公正性。

    A. 公司经理　　　　　B. 监理工程师　　　　C. 党委书记　　　　　D. 无直接责任人

5. 质量控制中，以工序质量控制为核心，控制内容包括工序活动（　　）和工序活动效果两个方面。

    A. 条件　　　　　　　B. 环境　　　　　　　C. 领域　　　　　　　D. 能力

6. 质量检验的基本职能有把关职能、预防职能、报告职能和（　　）职能。

    A. 提高　　　　　　　B. 改进　　　　　　　C. 改善　　　　　　　D. 发展

7. 建设工程质量事故的处理方案有返工、返修和（　　）三种。

    A. 停工　　　　　　　B. 更换　　　　　　　C. 不做处理　　　　　D. 直接回用

8. 审查合格的施工图，（　　）进行修改。

    A. 施工单位可　　　　　　　　　　　　　B. 监理单位能

    C. 原设计单位可随时　　　　　　　　　　D. 任何单位和个人不得擅自

9. 在关键部位或关键工序施工过程中，由监理人员在现场进行的监督活动称之为（　　）。

    A. 旁站　　　　　　　B. 巡视　　　　　　　C. 检查　　　　　　　D. 见证

10. 在排列图中，累计频率曲线 80%～90% 部分所对应的影响因素为（　　）因素。

    A. 主要　　　　　　　B. 次要　　　　　　　C. 一般　　　　　　　D. 其他

二、多项选择题（每小题 4 分，共 20 分）

11. 质量检验的三检制度指的是（　　）。

    A. 检验　　　　B. 自检　　　　C. 验收　　　　D. 互检　　　　E. 专检

12. 工程监理单位或工程咨询单位对工程施工准备阶段的质量管理工作包括（　　）。

    A. 施工单位资质核查　　　　　　　　B. 进场原材料、构配件和设备监控

    C. 材料配合比质量控制　　　　　　　D. 施工组织设计审查

    E. 施工单位质量管理体系检查

13. 质量数据分为计数值和计量值两类。在下列分布中，属于计量值随机变量分布的有（　　）。

    A. 二项分布　　　B. 正态分布　　　C. 偏态分布

    D. 泊松分布　　　E. 超几何分布

14. 质量控制的静态分析法有（　　）。

    A. 分层法　　　　B. 排列图法　　　C. 因果分析图法

D. 直方图法　　　　E. 控制图法

15.分部工程质量验收中，观感质量验收评价的结论有（　　　）。

A. 优　　　　　　B. 好　　　　　　C. 一般　　　　　D. 合格　　　E. 差

三、判断题（正确画√，错误画×；每小题2分，共12分）

16.质量管理方法的演变过程，大体上可分为四个阶段，即质量检验阶段、统计质量控制阶段、全面质量管理阶段和ISO质量管理阶段。

17.企业的质量方针是总的质量宗旨和方向，不可以测量评价；而质量目标是质量方针的具体化，是可以测量评价和能够达到的指标。

18.质量数据的统计规律性，表现为质量数据的集中趋势和离中趋势两个方面，数据分布可用一个"中间高、两端低、左右对称"的几何图形表示。

19.在工序能力指数的计算公式中，因为双侧公差分母系数为6，而单侧公差分母系数为3，所以单侧公差情况下的工序能力指数大于双侧公差情况下的工序能力指数。

20.如果检验批抽样检验的样本容量均为20，检验结果主控项目不合格数为0个、一般项目不合格数为4个，具有完整的施工操作依据和质量验收记录，则该检验批质量验收不合格。

21.经有资质的检测单位检测鉴定达不到设计要求，尽管经原设计单位核算认为能够满足安全和使用功能的检验批，仍然不能验收。

四、简答题（每小题6分，共24分）

22.简述工程项目质量的特点。

23.四大工程环境指的是什么？

24.说明质量检验中的"三不放过"原则。

25.导致工程质量事故的常见原因有哪些？

五、分析计算题（每小题8分，共24分）

26.钢筋强度服从正态分布 $N(\mu, \sigma^2)$，试求强度 X 取值不低于 $\mu - 1.645\sigma$ 的概率。

27.在生产过程的一个加工工序中，连续测量某个加工零件的外径尺寸（单位：mm）得到以下11个数据：37.2，38.3，31.2，36.5，36.3，35.5，36.8，37.1，34.8，32.0，36.6。试计算平均值、标准差和变异系数。

28.如图所示的直方图，分别对其质量保证能力进行分析。

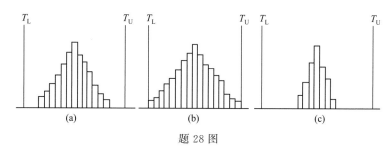

题28图

模拟试题3参考答案

一、单项选择题（每小题2分，共20分）

1. B　　　　2. C　　　　3. A　　　　4. D　　　　5. A

6. B　　　　7. C　　　　8. D　　　　9. A　　　　10. B

二、多项选择题（每小题 4 分，共 20 分）

11. B D E　　　12. A B D E　　　13. B C　　　14. A B C D　　　15. B C E

三、判断题（正确画√，错误画×；每小题 2 分，共 12 分）

16. ×　　　17. √　　　18. √　　　19. ×　　　20. ×　　　21. ×

四、简答题（每小题 6 分，共 24 分）

22. 影响因素多、质量波动大、质量隐蔽性、终检的局限性、评价方法的特殊性。

23. 工程技术环境、工程作业环境、工程管理环境、工程周边环境。

24. 不查清不合格的原因不放过、不查清责任者不放过、不落实改进措施不放过。

25. 违背基本建设程序，违反法律法规，地勘数据失真，设计差错，施工与管理不到位，操作工人素质差，使用不合格原材料、构配件和设备，自然环境因素，盲目抢工，使用不当。

五、分析计算题（每小题 8 分，共 24 分）

26. $P(X \geq \mu - 1.645\sigma) = 1 - P(X < \mu - 1.645\sigma)$

$$= 1 - F(\mu - 1.645\sigma) = 1 - \Phi\left(\frac{\mu - 1.645\sigma - \mu}{\sigma}\right)$$

$$= 1 - \Phi(-1.645) = 1 - (0.0495 + 0.0505)/2$$

$$= 0.95 = 95\%$$

27. $\bar{x} = \frac{1}{n}\sum x_i = \frac{1}{11}(x_1 + x_2 + \cdots + x_{11}) = 35.66$

$$S = \sqrt{\frac{\sum(x_i - \bar{x})^2}{n - 1}} = \sqrt{\frac{\sum(x_i - 35.66)^2}{10}} = 2.21$$

$$\delta = \frac{S}{\bar{x}} = \frac{2.21}{35.66} = 0.062$$

28. (a) 基本正态分布，公差范围内，两侧有余地，生产过程正常，质量稳定。

(b) 基本正态分布，公差范围内，两侧无余地，生产过程一旦发生小的变化，就可能出现超标情况，应采取措施缩小质量分布范围。

(c) 基本正态分布，公差范围内，两侧余地过大，说明加工过于精细，不经济。

附录 B 建筑工程的分部工程、分项工程划分

《建筑工程施工质量验收统一标准》（GB 50300—2013）附录 B 给出了建筑工程各分部工程（子分部工程）、分项工程划分，收录于此，供教学参考。

表 B 建筑工程的分部工程、分项工程划分

序号	分部工程	子分部工程	分项工程
1	地基与基础	地基	素土、灰土地基，砂和砂石地基，土工合成材料地基，粉煤灰地基，强夯地基，注浆地基，预压地基，砂石桩复合地基，高压旋喷注浆地基，水泥土搅拌桩地基，土和灰土挤密桩复合地基，水泥粉煤灰碎石桩复合地基，夯实水泥土桩复合地基
		基础	无筋扩展基础，钢筋混凝土扩展基础，筏形与箱形基础，钢结构基础，钢管混凝土结构基础，型钢混凝土结构基础，钢筋混凝土预制桩基础，泥浆护壁成孔灌注桩基础，干作业成孔桩基础，长螺旋钻孔压灌桩基础，沉管灌注桩基础，钢桩基础，锚杆静压桩基础，岩石锚杆基础，沉井与沉箱基础
		基坑支护	灌注桩排桩围护墙，板桩围护墙，咬合桩围护墙，型钢水泥土搅拌墙，土钉墙，地下连续墙，水泥土重力式挡墙，内支撑，锚杆，与主体结构相结合的基坑支护
		地下水控制	降水与排水，回灌
		土方	土方开挖，土方回填，场地平整
		边坡	喷锚支护，挡土墙，边坡开挖
		地下防水	主体结构防水，细部构造防水，特殊施工法结构防水，排水，注浆
2	主体结构	混凝土结构	模板，钢筋，混凝土，预应力，现浇结构，装配式结构
		砌体结构	砖砌体，混凝土小型空心砌块砌体，石砌体，配筋砌体，填充墙砌体
		钢结构	钢结构焊接，紧固件连接，钢零部件加工，钢构件组装及预拼装，单层钢结构安装，多层及高层钢结构安装，钢管结构安装，预应力钢索和膜结构，压型金属板，防腐涂料涂装，防火涂料涂装
		钢管混凝土结构	构件现场拼装，构件安装，钢管焊接，构件连接，钢管内钢筋骨架，混凝土
		型钢混凝土结构	型钢焊接，紧固件连接，型钢与钢筋连接，型钢构件组装及预拼装，型钢安装，模板，混凝土
		铝合金结构	铝合金焊接，紧固件连接，铝合金零部件加工，铝合金构件组装，铝合金构件预拼装，铝合金框架结构安装，铝合金空间网格结构安装，铝合金面板，铝合金幕墙结构安装，防腐处理
		木结构	方木与原木结构，胶合木结构，轻型木结构，木结构的防护

续表

序号	分部工程	子分部工程	分项工程
3	建筑装饰装修	建筑地面	基层铺设,整体面层铺设,板块面层铺设,木、竹面层铺设
		抹灰	一般抹灰,保温层薄抹灰,装饰抹灰,清水砌体勾缝
		外墙防水	外墙砂浆防水,涂膜防水,透气膜防水
		门窗	木门窗安装,金属门窗安装,塑料门窗安装,特种门安装,门窗玻璃安装
		吊顶	整体面层吊顶,板块面层吊顶,格栅吊顶
		轻质隔墙	板材隔墙,骨架隔墙,活动隔墙,玻璃隔墙
		饰面板	石板安装,陶瓷板安装,木板安装,金属板安装,塑料板安装
		饰面砖	外墙饰面砖粘贴,内墙饰面砖粘贴
		幕墙	玻璃幕墙安装,金属幕墙安装,石材幕墙安装,陶板幕墙安装
		涂饰	水性涂料涂饰,溶剂型涂料涂饰,美术涂饰
		裱糊与软包	裱糊,软包
		细部	橱柜制作与安装,窗帘盒和窗台板制作与安装,门窗套制作与安装,护栏和扶手制作与安装,花饰制作与安装
4	屋面	基层与保护	找坡层和找平层,隔汽层,隔离层,保护层
		保温与隔热	板状材料保温层,纤维材料保温层,喷涂硬泡聚氨酯保温层,现浇泡沫混凝土保温层,种植隔热层,架空隔热层,蓄水隔热层
		防水与密封	卷材防水层,涂膜防水层,复合防水层,接缝密封防水
		瓦面与板面	烧结瓦和混凝土瓦铺装,沥青瓦铺装,金属板铺装,玻璃采光顶铺装
		细部构造	檐口,檐沟和天沟,女儿墙和山墙,水落口,变形缝,伸出屋面管道,屋面出入口,反梁过水孔,设施基座,屋脊,屋顶窗
5	建筑给水排水及供暖	室内给水系统	给水管道及配件安装,给水设备安装,室内消火栓系统安装,消防喷淋系统安装,防腐,绝热,管道冲洗、消毒,试验与调试
		室内排水系统	排水管道及配件安装,雨水管道及配件安装,防腐,试验与调试
		室内热水系统	管道及配件安装,辅助设备安装,防腐,绝热,试验与调试
		卫生器具	卫生器具安装,卫生器具给水配件安装,卫生器具排水管道安装,试验与调试
		室内供暖系统	管道及配件安装,辅助设备安装,散热器安装,低温热水地板辐射供暖系统安装,电加热供暖系统安装,燃气红外辐射供暖系统安装,热风供暖系统安装,热计量及调控装置安装,试验与调试,防腐,绝热
		室外给水管网	给水管道安装,室外消火栓系统安装,试验与调试
		室外排水管网	排水管道安装,排水管沟与井池,试验与调试
		室外供热管网	管道及配件安装,系统水压试验,土建结构,防腐,绝热,试验与调试
		建筑饮用水供应系统	管道及配件安装,水处理设备及控制设施安装,防腐,绝热,试验与调试
		建筑中水系统及雨水利用系统	建筑中水系统、雨水利用系统管道及配件安装,水处理设备及控制设施安装,防腐,绝热,试验与调试
		游泳池及公共浴池水系统	管道及配件系统安装,水处理设备及控制设施安装,防腐,绝热,试验与调试
		水景喷泉系统	管道系统及配件安装,防腐,绝热,试验与调试
		热源及辅助设备	锅炉安装,辅助设备及管道安装,安全附件安装,换热站安装,防腐,绝热,试验与调试
		监测与控制仪表	检测仪器及仪表安装,试验与调试

序号	分部工程	子分部工程	分项工程
6	通风与空调	送风系统	风管与配件制作,部件制作,风管系统安装,风机与空气处理设备安装,风管与设备防腐,旋流风口、岗位送风口、织物(布)风管安装,系统调试
		排风系统	风管与配件制作,部件制作,风管系统安装,风机与空气处理设备安装,风管与设备防腐,吸风罩及其他空气处理设备安装,厨房、卫生间排风系统安装,系统调试
		防排烟系统	风管与配件制作,部件制作,风管系统安装,风机与空气处理设备安装,风管与设备防腐,排烟风阀(口)、常闭正压风口、防火风管安装,系统调试
		除尘系统	风管与配件制作,部件制作,风管系统安装,风机与空气处理设备安装,风管与设备防腐,除尘器与排污设备安装,吸尘罩安装,高温风管绝热,系统调试
		舒适性空调系统	风管与配件制作,部件制作,风管系统安装,风机与空气处理设备安装,风管与设备防腐,组合式空调机组安装,消声器、静电除尘器、换热器、紫外线灭菌器等设备安装,风机盘管、变风量与定风量送风装置、射流喷口等末端设备安装,风管与设备绝热,系统调试
		恒温恒湿空调系统	风管与配件制作,部件制作,风管系统安装,风机与空气处理设备安装,风管与设备防腐,组合式空调机组安装,电加热器、加湿器等设备安装,精密空调机组安装,风管与设备绝热,系统调试
		净化空调系统	风管与配件制作,部件制作,风管系统安装,风机与空气处理设备安装,风管与设备防腐,净化空调机组安装,消声器、静电除尘器、换热器、紫外线灭菌器等设备安装,中、高效过滤器及风机过滤器单元等末端设备清洗与安装,洁净度测试,风管与设备绝热,系统调试
		地下人防通风系统	风管与配件制作,部件制作,风管系统安装,风机与空气处理设备安装,风管与设备防腐,过滤吸收器、防爆波活门、防爆超压排气活门等专用设备安装,系统调试
		真空吸尘系统	风管与配件制作,部件制作,风管系统安装,风机与空气处理设备安装,风管与设备防腐,管道安装,快速接口安装,风机与滤尘设备安装,系统压力试验及调试
		冷凝水系统	管道系统及部件安装,水泵及附属设备安装,管道冲洗,管道、设备防腐,板式热交换器,辐射板及辐射供热、供冷地埋管,热泵机组设备安装,管道、设备绝热,系统压力试验及调试
		空调(冷、热)水系统	管道系统及部件安装,水泵及附属设备安装,管道冲洗,管道、设备防腐,冷却塔与水处理设备安装,防冻伴热设备安装,管道、设备绝热,系统压力试验及调试
		冷却水系统	管道系统及部件安装,水泵及附属设备安装,管道冲洗,管道、设备防腐,系统灌水渗漏及排放试验,管道、设备绝热
		土壤源热泵换热系统	管道系统及部件安装,水泵及附属设备安装,管道冲洗,管道、设备防腐,埋地换热系统与管网安装,管道、设备绝热,系统压力试验及调试
		水源热泵换热系统	管道系统及部件安装,水泵及附属设备安装,管道冲洗,管道、设备防腐,地表水源换热管及管网安装,除垢设备安装,管道、设备绝热,系统压力试验及调试
		蓄能系统	管道系统及部件安装,水泵及附属设备安装,管道冲洗,管道、设备防腐,蓄水罐及蓄冰槽、罐安装,管道、设备绝热,系统压力试验及调试
		压缩式制冷(热)设备系统	制冷机组及附属设备安装,管道、设备防腐,制冷剂管道及部件安装,制冷剂灌注,管道、设备绝热,系统压力试验及调试
		吸收式制冷设备系统	制冷机组及附属设备安装,管道、设备防腐,系统真空试验,溴化锂溶液加灌,蒸汽管道系统安装,燃气或燃油设备安装,管道、设备绝热,试验及调试
		多联机(热泵)空调系统	室外机组安装,室内机组安装,制冷剂管路连接及控制开关安装,风管安装,冷凝水管道安装,制冷剂灌注,系统压力试验及调试

序号	分部工程	子分部工程	分项工程
6	通风与空调	太阳能供暖空调系统	太阳能集热器安装,其他辅助能源、换热设备安装,蓄能水箱、管道及配件安装,防腐、绝热,低温热水地板辐射采暖系统安装,系统压力试验及调试
		设备自控系统	温度、压力与流量传感器安装,执行机构安装调试,防排烟系统功能测试,自动控制及系统智能控制软件调试
7	建筑电气	室外电气	变压器、箱式变电所安装,成套配电柜、控制柜(屏、台)和动力、照明配电箱(盘)及控制柜安装,梯架、支架、托盘和槽盒安装,导管敷设,电缆敷设,管内穿线和槽盒内敷线,电缆头制作、导线连接和线路绝缘测试,普通灯具安装,专用灯具安装,建筑照明通电试运行,接地装置安装
		变配电室	变压器、箱式变电所安装,成套配电柜、控制柜(屏、台)和动力、照明配电箱(盘)安装,母线槽安装,梯架、支架、托盘和槽盒安装,电缆敷设,电缆头制作、导线连接和线路绝缘测试,接地装置安装,接地干线敷设
		供电干线	电气设备试验和试运行,母线槽安装,梯架、支架、托盘和槽盒安装,导管敷设,电缆敷设,管内穿线和槽盒内敷线,电缆头制作、导线连接和线路绝缘测试,接地干线敷设
		电气动力	成套配电柜、控制柜(屏、台)和动力配电箱(盘)安装,电动机、电加热器及电动执行机构检查接线,电气设备试验和试运行,梯架、支架、托盘和槽盒安装,导管敷设,电缆敷设,管内穿线和槽盒内敷线,电缆头制作、导线连接和线路绝缘测试
		电气照明	成套配电柜、控制柜(屏、台)和照明配电箱(盘)安装,梯架、支架、托盘和槽盒安装,导管敷设,管内穿线和槽盒内敷线,塑料护套线直敷布线,钢索配线,电缆头制作、导线连接和线路绝缘测试,普通灯具安装,专用灯具安装,开关、插座、风扇安装,建筑照明通电试运行
		备用和不间断电源	成套配电柜、控制柜(屏、台)和动力、照明配电箱(盘)安装,柴油发电机组安装,不间断电源装置及应急电源装置安装,母线槽安装,导管敷设,电缆敷设,管内穿线和槽盒内敷线,电缆头制作、导线连接和线路绝缘测试,接地装置安装
		防雷及接地	接地装置安装,防雷引下线及接闪器安装,建筑物等电位连接,浪涌保护器安装
8	智能建筑	智能化集成系统	设备安装,软件安装,接口及系统调试,试运行
		信息接入系统	安装场地检查
		用户电话交换系统	线缆敷设,设备安装,软件安装,接口及系统调试,试运行
		信息网络系统	计算机网络设备安装,计算机网络软件安装,网络安全设备安装,网络安全软件安装,系统调试,试运行
		综合布线系统	梯架、托盘、槽盒和导管安装,线缆敷设,机柜、机架、配线架安装,信息插座安装,链路或信道测试,软件安装,系统调试,试运行
		移动通信室内信号覆盖系统	安装场地检查
		卫星通信系统	安装场地检查
		有线电视及卫星电视接收系统	梯架、托盘、槽盒和导管安装,线缆敷设,设备安装,软件安装,系统调试,试运行
		公共广播系统	梯架、托盘、槽盒和导管安装,线缆敷设,设备安装,软件安装,系统调试,试运行
		会议系统	梯架、托盘、槽盒和导管安装,线缆敷设,设备安装,软件安装,系统调试,试运行

续表

序号	分部工程	子分部工程	分项工程
8	智能建筑	信息导引及发布系统	梯架、托盘、槽盒和导管安装,线缆敷设,显示设备安装,机房设备安装,软件安装,系统调试,试运行
		时钟系统	梯架、托盘、槽盒和导管安装,线缆敷设,设备安装,软件安装,系统调试,试运行
		信息化应用系统	梯架、托盘、槽盒和导管安装,线缆敷设,设备安装,软件安装,系统调试,试运行
		建筑设备监控系统	梯架、托盘、槽盒和导管安装,线缆敷设,传感器安装,执行器安装,控制器、箱安装,中央管理工作站和操作分站设备安装,软件安装,系统调试,试运行
		火灾自动报警系统	梯架、托盘、槽盒和导管安装,线缆敷设,探测器类设备安装,控制器类设备安装,其他设备安装,软件安装,系统调试,试运行
		安全技术防范系统	梯架、托盘、槽盒和导管安装,线缆敷设,设备安装,软件安装,系统调试,试运行
		应急响应系统	设备安装,软件安装,系统调试,试运行
		机房	供配电系统,防雷与接地系统,空气调节系统,给水排水系统,综合布线系统,监控与安全防范系统,消防系统,室内装饰装修,电磁屏蔽,系统调试,试运行
		防雷与接地	接地装置,接地线,等电位联接,屏蔽设施,电涌保护器,线缆敷设,系统调试,试运行
9	建筑节能	围护系统节能	墙体节能,幕墙节能,门窗节能,屋面节能,地面节能
		供暖空调设备及管网节能	供暖节能,通风与空调设备节能,空调与供暖系统冷热源节能,空调与供暖系统管网节能
		电气动力节能	配电节能,照明节能
		监控系统节能	监测系统节能,控制系统节能
		可再生能源	地源热泵系统节能,太阳能光热系统节能,太阳能光伏节能
10	电梯	电力驱动的曳引式或强制式电梯	设备进场验收,土建交接检验,驱动主机,导轨,门系统,轿厢,对重,安全部件,悬挂装置,随行电缆,补偿装置,电气装置,整机安装验收
		液压电梯	设备进场验收,土建交接检验,液压系统,导轨,门系统,轿厢,对重,安全部件,悬挂装置,随行电缆,电气装置,整机安装验收
		自动扶梯、自动人行道	设备进场验收,土建交接检验,整机安装验收

参考文献

［1］ 质量管理体系　基础和术语：GB/T 19000—2016［S］.北京：中国标准出版社，2016.

［2］ 质量管理体系　要求：GB/T 19001—2016［S］.北京：中国标准出版社，2016.

［3］ 中华人民共和国建筑法.

［4］ 建设工程质量管理条例.

［5］ 卓越绩效评价准则：GB/T 19580—2012［S］.北京：中国标准出版社，2012.

［6］ 卓越绩效评价准则实施指南：GB/Z 19579—2012［S］.北京：中国标准出版社，2012.

［7］ 岩土工程勘察规范：GB 50021—2001（2009 年版）［S］.北京：中国建筑工业出版社，2002.

［8］ 李章政.土力学与基础工程［M］.2 版.武汉：武汉大学出版社，2017.

［9］ 工程建设勘察企业质量管理标准：GB/T 50379—2018［S］.北京：中国建筑工业出版社，2018.

［10］ 混凝土强度检验评定标准：GB/T 50107—2010［S］.北京：中国建筑工业出版社，2010.

［11］ 李章政.建筑结构设计原理［M］.2 版.北京：化学工业出版社，2014.

［12］ 李章政.建筑结构［M］.北京：化学工业出版社，2017.

［13］ 刘广第.质量管理学［M］.2 版.北京：清华大学出版社，2003.

［14］ 建筑工程施工质量验收统一标准：GB 50300—2013［S］.北京：中国建筑工业出版社，2014.

［15］ 建设工程监理规范：GB/T 50319—2013［S］.北京：中国建筑工业出版社，2014.

［16］ 中国建设监理协会.建设工程质量控制［M］.北京：中国建筑工业出版社，2003.

［17］ 中国建设监理协会.建设工程质量控制［M］.4 版.北京：中国建筑工业出版社，2014.

［18］ 严薇.土木工程项目管理与施工组织设计［M］.北京：人民交通出版社，2000.

［19］ 陈宪.工程项目组织与管理［M］.9 版.北京：机械工业出版社，2018.